日本海軍戦闘機隊 写真集

【大陸の古豪、第12航空隊と第14航空隊】

The Imperial Japanese Navy Fighter Group Photograph collection

JN292423

伊沢保穂 著

大日本絵画

日本海軍戦闘機隊の塗装とマーキング【第12航空隊/第14航空隊/報國號 編】

Painting Schemes and Markings of I.J.N. Fighter Group

カラーイラスト・解説/西川幸伸
Color illustrations by Yukinobu Nishikawa

1. 九〇式艦上戦闘機一型
〔報國第13號 三谷號〕

▲グロスター社のゲームコック/ガンベットを中島飛行機が国産化した三式艦上戦闘機をさらに改良したのが九〇式艦上戦闘機です。本機には一型、二型、三型が存在しますが、このうち一型は三式艦戦の設計を色濃く踏襲しており、機首固定機銃を胴体側面に装備しているのもその現れといえるでしょう。機首部分のパネルの一部は平面で構成されているようにも思われます。

2. 九〇式艦上戦闘機二型
〔報國第55號 第一日本鋼管號〕

▲九〇艦戦は二型になると機首の固定機銃が胴体上面に搭載されるようになり、機首部分も完全な円筒状になりました。P.110に掲載された昭和9年4月の献納式の写真により作製したのが本図です。報国号は特定の企業・団体および篤志の個人の献金により調達された海軍航空機に対する名称で、完成のあかつきには海軍関係者や献納者を交えて盛大に献納式が挙行されました。

3.九〇式艦上戦闘機二型
〔報國第55號 第一日本鋼管號〕
佐伯空戦闘機隊 鈴木清延3空曹機

▲第2図の報國55號はその後佐伯海軍航空隊に配属され「サヘ-142」となりました(P.113参照)。また、この時の写真からは当初は各シリンダーから導かれていた排気管が集合排気管に改修されていることがわかります。なお、操縦席前方の胴体には補強のため金属製の帯が巻かれていますが、この部分は燃料タンクになっています。また、九〇艦戦は二型から下主翼に上反角があたえられています。

4.九〇式艦上戦闘機三型
〔報國第64號 大學高専號〕

▲九〇式艦上戦闘機は三型から上主翼にも上反角があたえられました。本図も献納式の写真を基に描いていますが、望遠鏡式照準器や尾燈など、写真撮影時に機体に装備されていないものも、式後には当然装備されたものと考え再現してあります。報国號の書体はステンシル体で丁寧に描かれていますが、「號」の文字は「號」と描かれています。

5. 九五式艦上戦闘機 第12航空隊所属機

▲九〇式艦上戦闘機の次に制式作用された九五式艦上戦闘機は日中戦争（日華事変）当時の主力戦闘機。開戦早々には佐伯航空隊から30機を選抜して第12航空隊が編成されました。図は大陸進出直前に撮影された写真をもとに作製したもの。それまでの銀色に赤の垂直尾翼の保安塗粧から土色の迷彩に変更されたため、胴体の日の丸と胴体上面の迷彩色との違いは明瞭ではありません。

6. 九五式艦上戦闘機 第12航空隊 半田亘理1空曹機

▲大陸進出後に撮影された12空の九五艦戦「27」号機の写真を基に作製した図です。垂直尾翼の赤線と胴体上面色の明度の差を考えると図5の機体とは異なり緑系統の塗装色であると考えて再現しています。このころの12空機には垂直尾翼に横帯1本を入れている機体があり、2本で長機標識としているのではないでしょうか？ 胴体の白帯は外戦（海外派遣）部隊を示すものです。

7.九五式艦上戦闘機
第12航空隊 尾関行治1空兵機

▲本図の九五式艦上戦闘機は12空の符号が3となった昭和13年以降に中国で撮影された飛行中の写真を基に描いています。胴体の迷彩にこそ剥離は見られませんが、大陸に進出以来かなりの時間がたち、主脚の後部支柱に施された黒色塗装はほぼ剥離しています。主翼下には陸上戦闘支援用の小型爆弾架が装備されているのがポイントです。

8.九五式艦上戦闘機
第14航空隊所属機 昭和14年

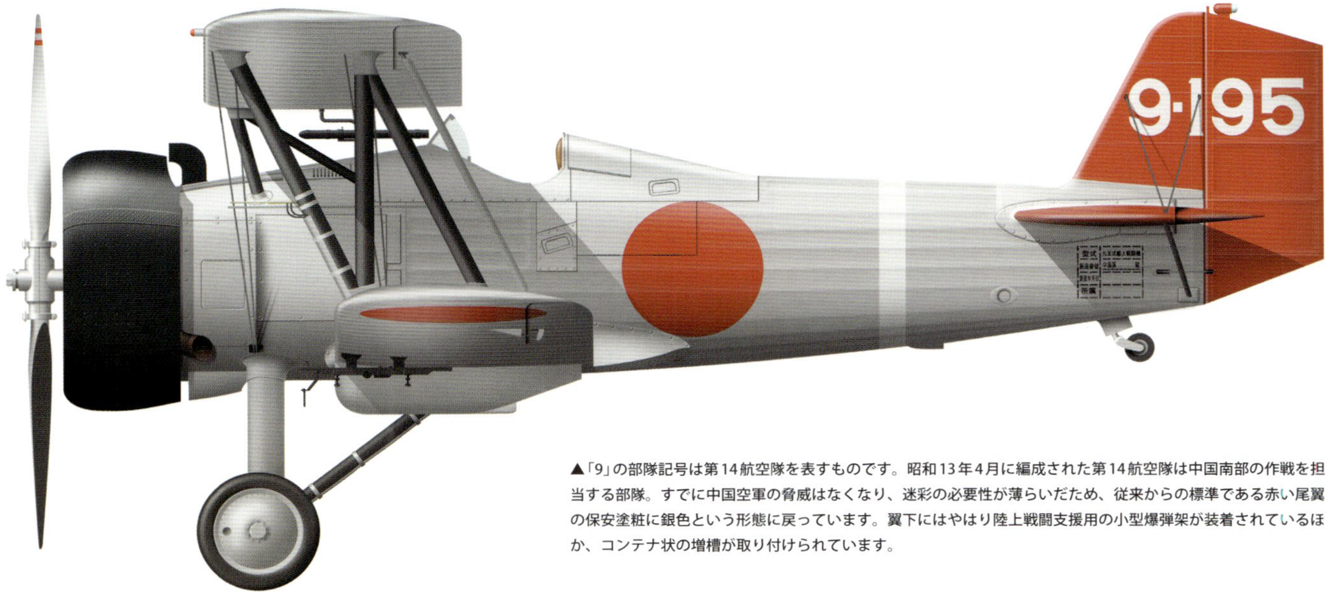

▲「9」の部隊記号は第14航空隊を表すものです。昭和13年4月に編成された第14航空隊は中国南部の作戦を担当する部隊。すでに中国空軍の脅威はなくなり、迷彩の必要性が薄らいだため、従来からの標準である赤い尾翼の保安塗粧に銀色という形態に戻っています。翼下にはやはり陸上戦闘支援用の小型爆弾架が装着されているほか、コンテナ状の増槽が取り付けられています。

9.九六式一号艦上戦闘機　第12航空隊 橋本勝弘3空曹機

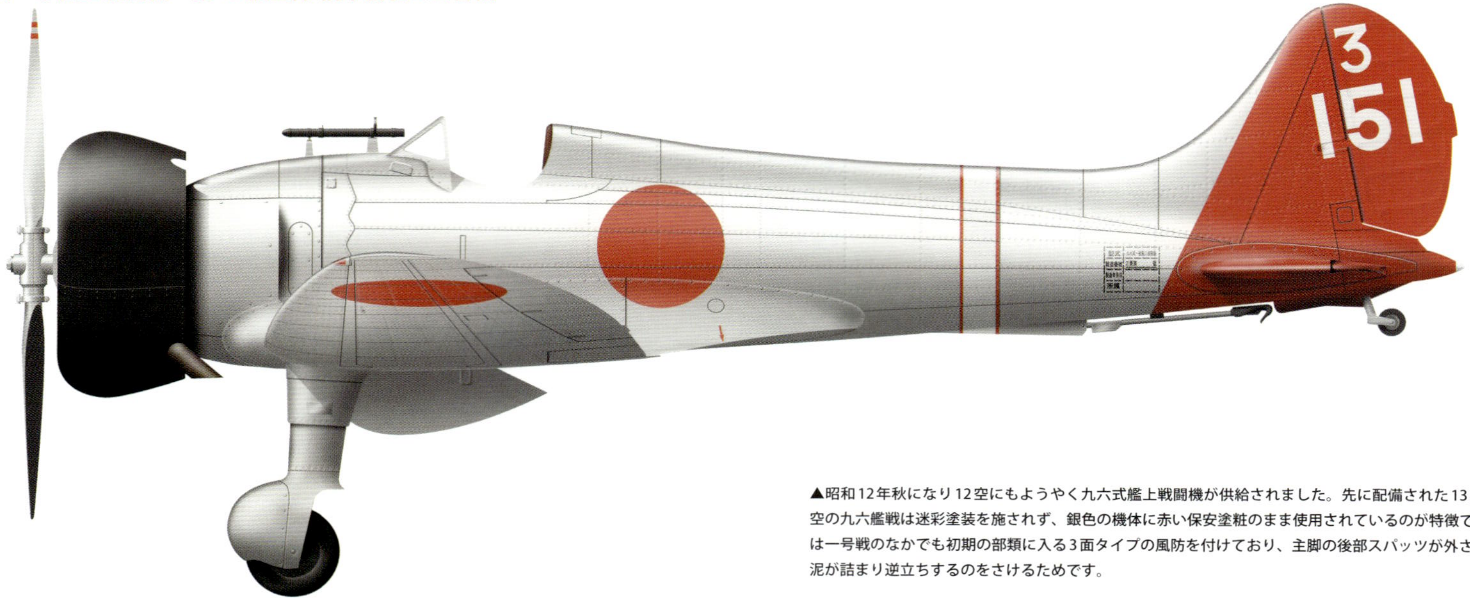

▲昭和12年秋になり12空にもようやく九六式艦上戦闘機が供給されました。先に配備された13空とは違い12空の九六艦戦は迷彩塗装を施されず、銀色の機体に赤い保安塗粧のまま使用されているのが特徴です。図の機体は一号戦のなかでも初期の部類に入る3面タイプの風防を付けており、主脚の後部スパッツが外されているのは泥が詰まり逆立ちするのをさけるためです。

10.九六式一号艦上戦闘機　第12航空隊所属機

▲本図の機体は外戦部隊を示す胴体白帯の前方に赤い帯が2本追加されており、分隊長クラスの搭乗員の使用機と考えられます。前後のスパッツの両方ともが外されてフォークがむき出しになっているのが面白いですね。風防の形は一号戦の後期から図のように5枚の平面から構成されたものになっていて、使用実績から改善されたもの。主脚カバーは赤色で塗装されています。

11.九六式一号艦上戦闘機　第12航空隊所属機

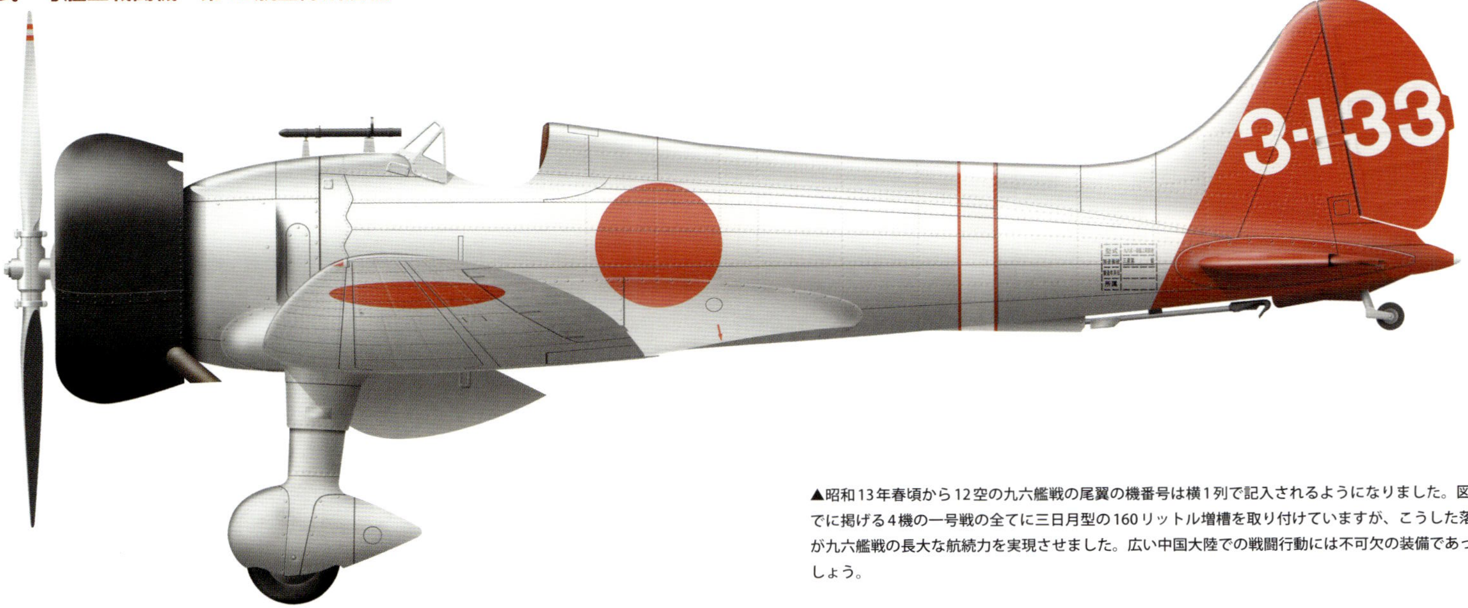

▲昭和13年春頃から12空の九六艦戦の尾翼の機番号は横1列で記入されるようになりました。図9から図12までに掲げる4機の一号戦の全てに三日月型の160リットル増槽を取り付けていますが、こうした落下増槽の存在が九六艦戦の長大な航続力を実現させました。広い中国大陸での戦闘行動には不可欠の装備であったといえるでしょう。

12.九六式一号艦上戦闘機　第12航空隊 岩本徹三1空兵機

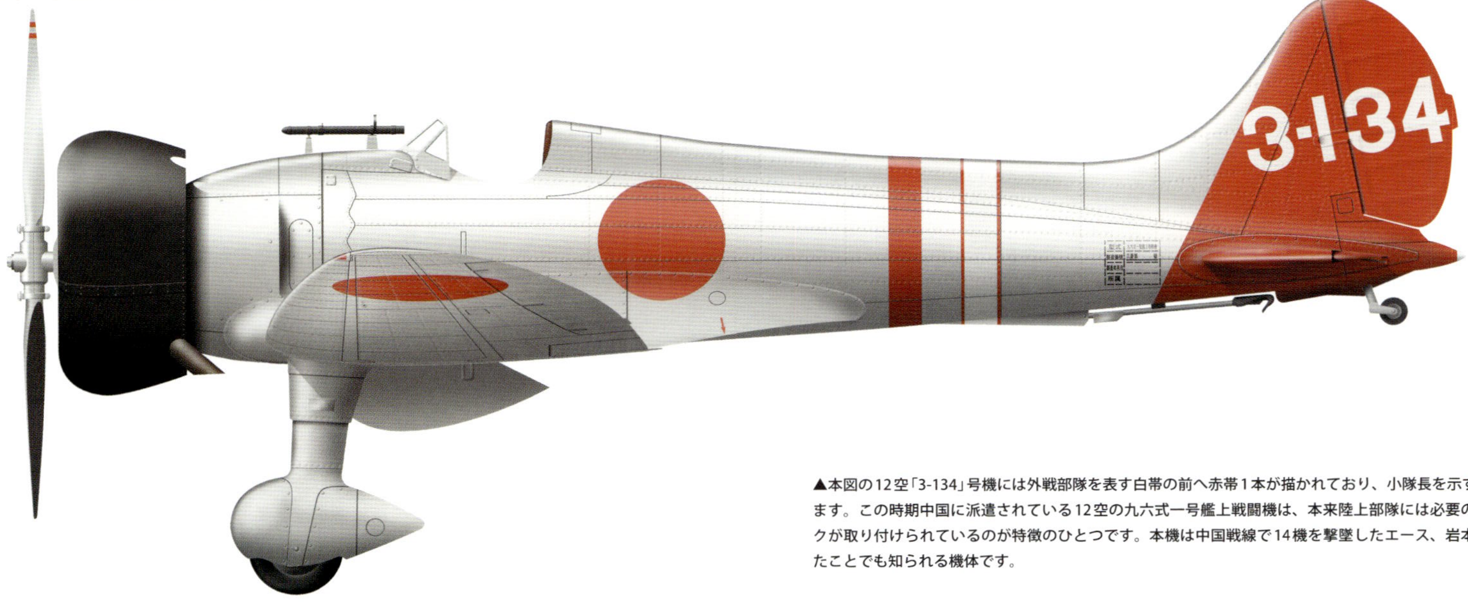

▲本図の12空「3-134」号機には外戦部隊を表す白帯の前へ赤帯1本が描かれており、小隊長を示すものと思われます。この時期中国に派遣されている12空の九六式一号艦上戦闘機は、本来陸上部隊には必要のない着艦フックが取り付けられているのが特徴のひとつです。本機は中国戦線で14機を撃墜したエース、岩本徹三が搭乗したことでも知られる機体です。

13. 九六式二号艦上戦闘機一型前期型 第12航空隊所属機

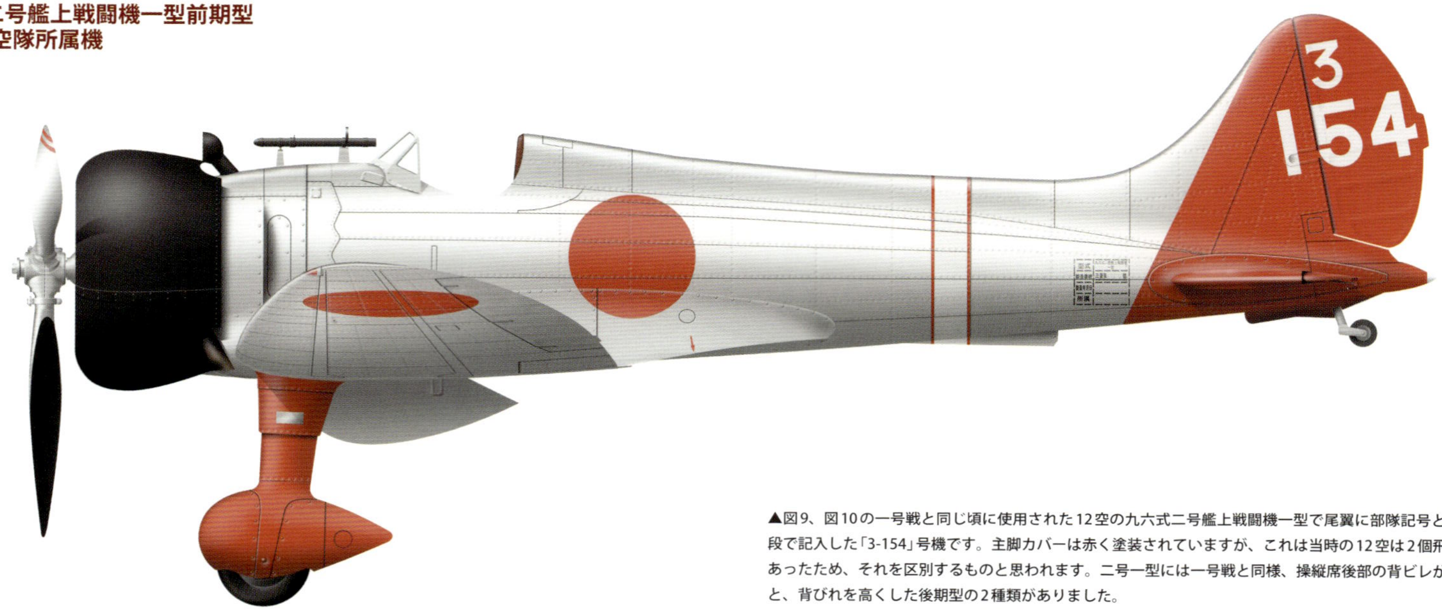

▲図9、図10の一号戦と同じ頃に使用された12空の九六式二号艦上戦闘機一型で尾翼に部隊記号と機番号を二段で記入した「3-154」号機です。主脚カバーは赤く塗装されていますが、これは当時の12空は2個飛行隊編成であったため、それを区別するものと思われます。二号一型には一号戦と同様、操縦席後部の背ビレが低い前期型と、背びれを高くした後期型の2種類がありました。

14. 九六式二号艦上戦闘機一型前期型 第12航空隊所属機 昭和13年

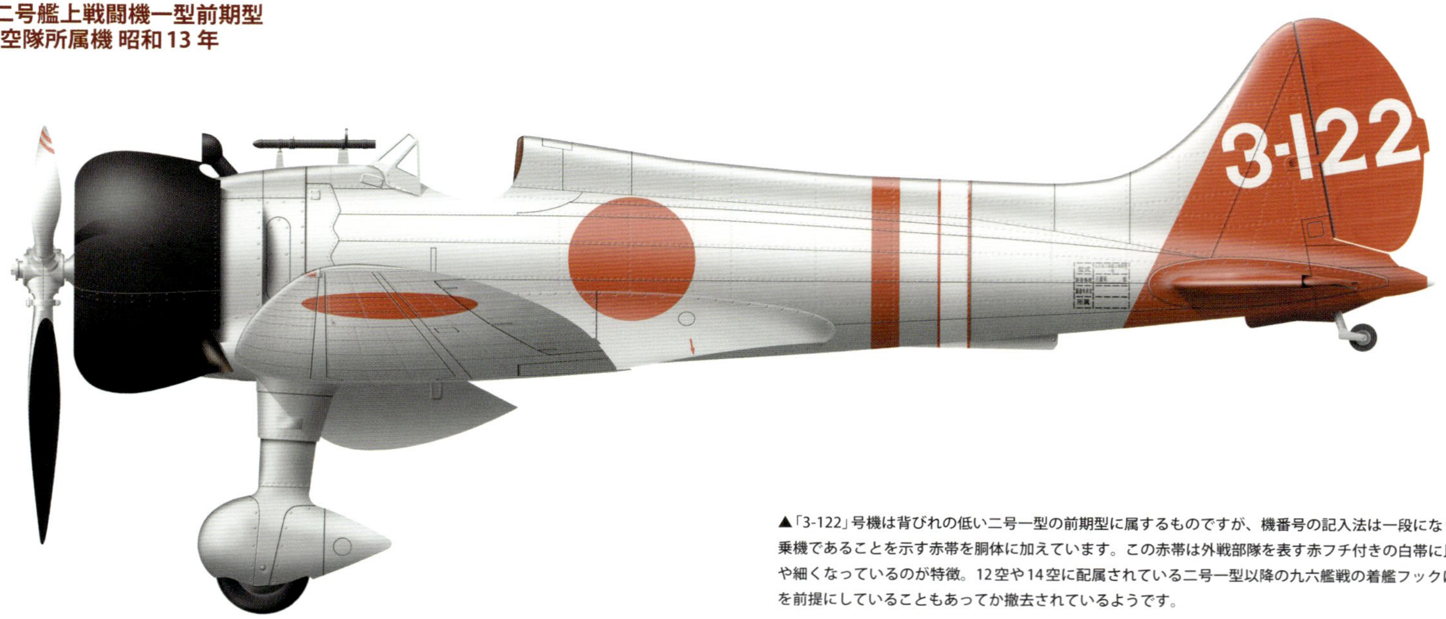

▲「3-122」号機は背びれの低い二号一型の前期型に属するものですが、機番号の記入法は一段になり、小隊長搭乗機であることを示す赤帯を胴体に加えています。この赤帯は外戦部隊を表す赤フチ付きの白帯に比べて幅がやや細くなっているのが特徴。12空や14空に配属されている二号一型以降の九六艦戦の着艦フックは、陸上使用を前提にしていることもあってか撤去されているようです。

15.九六式二号艦上戦闘機一型後期型 第12航空隊分隊長 鈴木清延 3空曹機

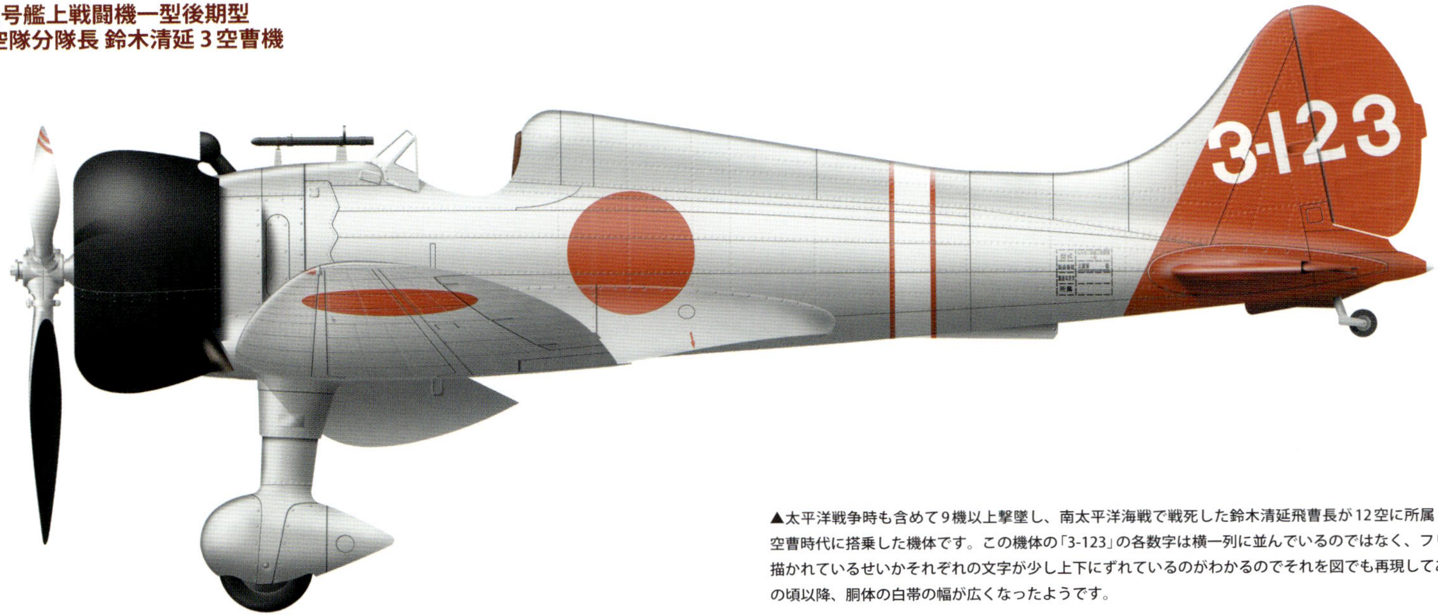

▲太平洋戦争時も含めて9機以上撃墜し、南太平洋海戦で戦死した鈴木清延飛曹長が12空に所属した3空曹/2空曹時代に搭乗した機体です。この機体の「3-123」の各数字は横一列に並んでいるのではなく、フリーハンドで描かれているせいかそれぞれの文字が少し上下にずれているのがわかるのでそれを図でも再現してあります。この頃以降、胴体の白帯の幅が広くなったようです。

16.九六式二号艦上戦闘機一型後期型 第12航空隊 吉富茂馬 大尉機

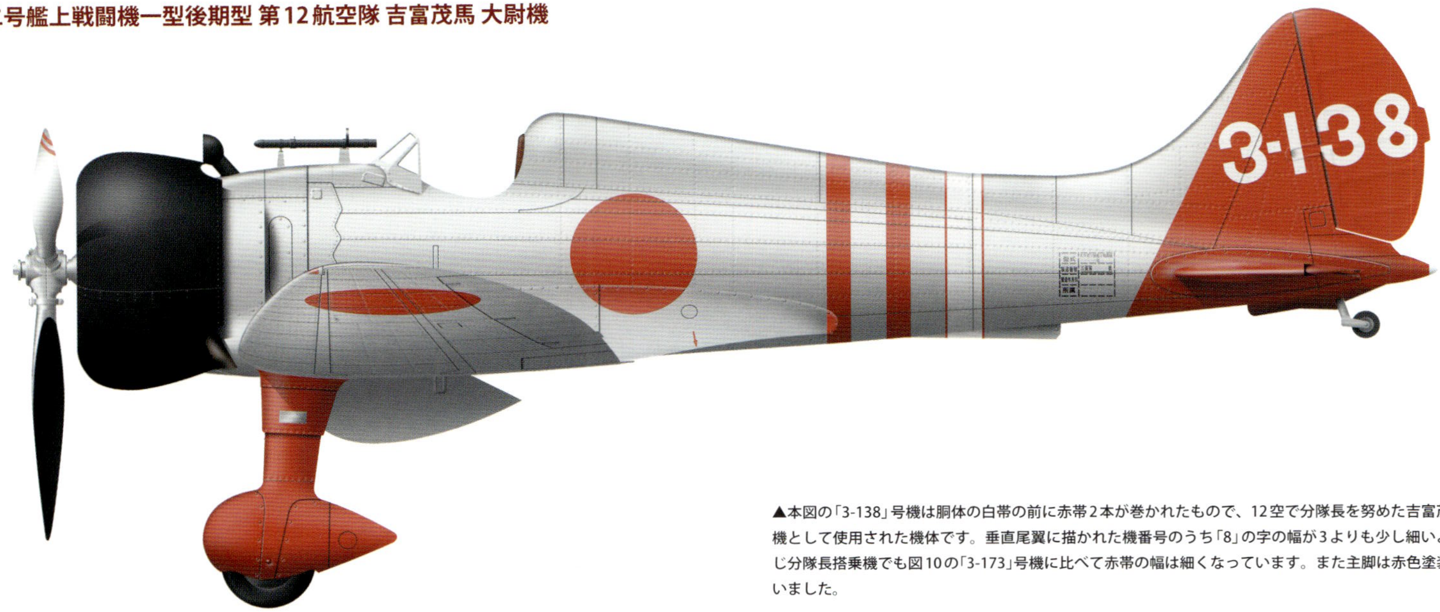

▲本図の「3-138」号機は胴体の白帯の前に赤帯2本が巻かれたもので、12空で分隊長を努めた吉富茂馬大尉の愛機として使用された機体です。垂直尾翼に描かれた機番号のうち「8」の字の幅が3よりも少し細いようです。同じ分隊長搭乗機でも図10の「3-173」号機に比べて赤帯の幅は細くなっています。また主脚は赤色塗装が施されていました。

17.九六式二号艦上戦闘機二型密閉風防型
第12航空隊所属機

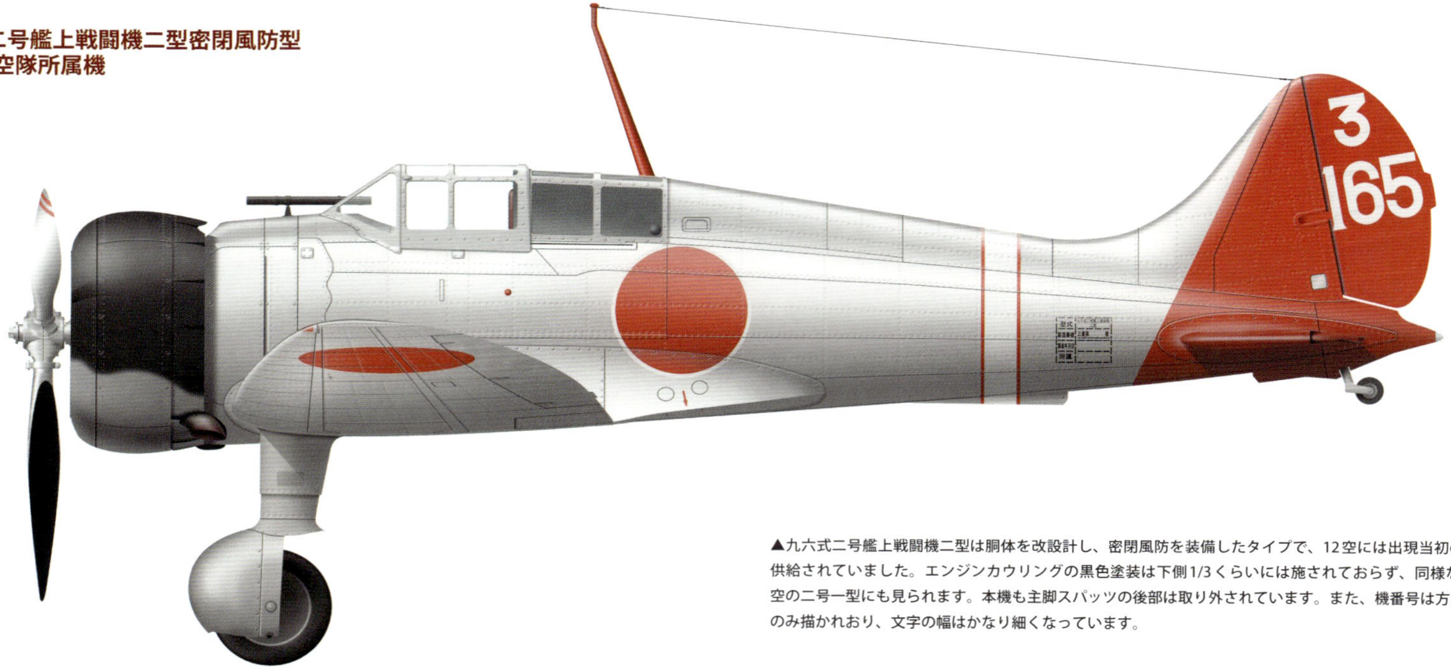

▲九六式二号艦上戦闘機二型は胴体を改設計し、密閉風防を装備したタイプで、12空には出現当初の段階から供給されていました。エンジンカウリングの黒色塗装は下側1/3くらいには施されておらず、同様な塗装は13空の二号一型にも見られます。本機も主脚スパッツの後部は取り外されています。また、機番号は方向舵部分にのみ描かれおり、文字の幅はかなり細くなっています。

18.九六式二号艦上戦闘機二型密閉風防撤去仕様
第12航空隊 所属機

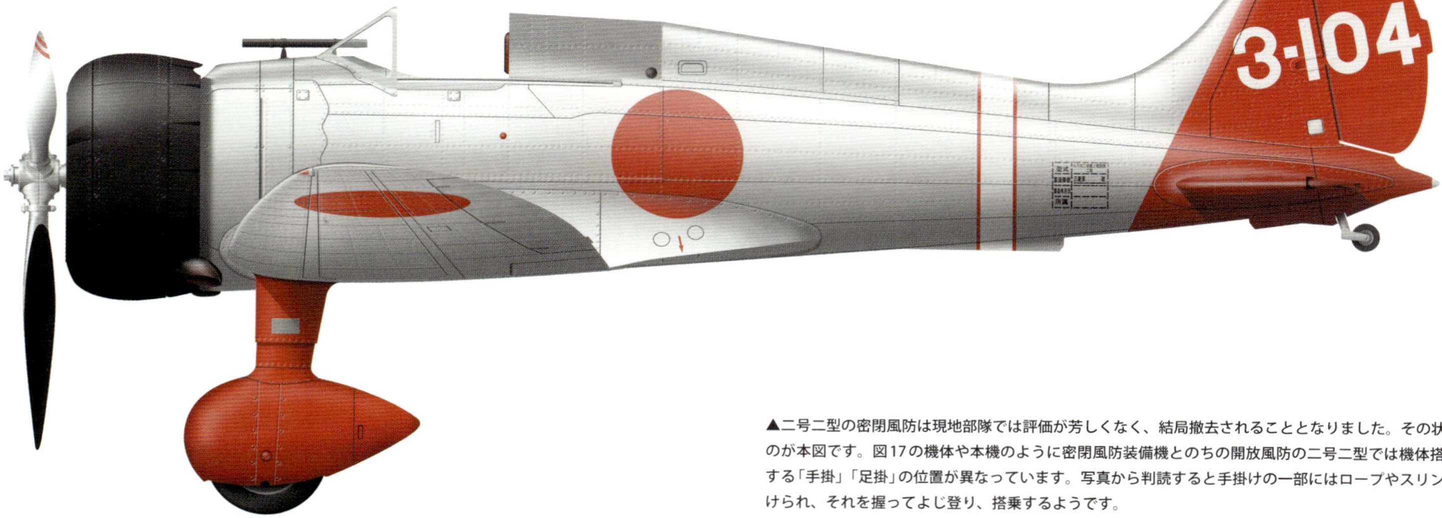

▲二号二型の密閉風防は現地部隊では評価が芳しくなく、結局撤去されることとなりました。その状態を表したのが本図です。図17の機体や本機のように密閉風防装備機とのちの開放風防の二号二型では機体搭乗時に使用する「手掛」「足掛」の位置が異なっています。写真から判読すると手掛けの一部にはロープやスリングが取り付けられ、それを握ってよじ登り、搭乗するようです。

19. 九六式二号艦上戦闘機二型
第12航空隊 角田和男2空曹機

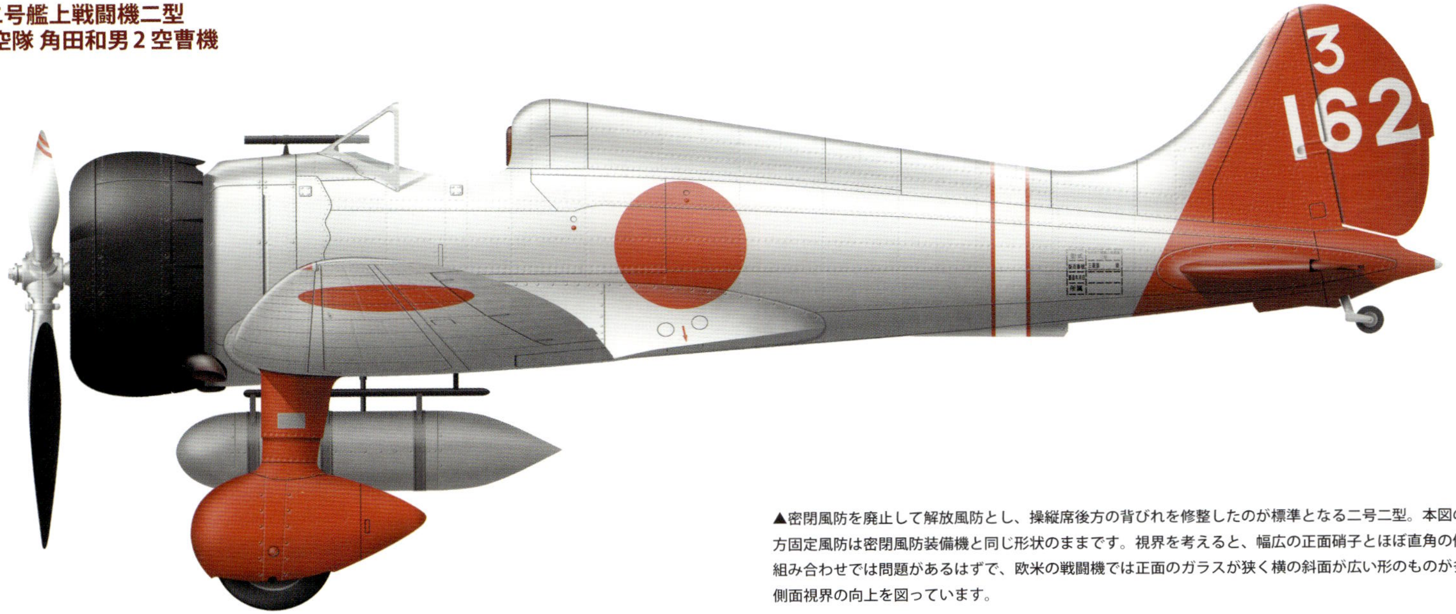

▲密閉風防を廃止して解放風防とし、操縦席後方の背びれを修整したのが標準となる二号二型。本図の機体の前方固定風防は密閉風防装備機と同じ形状のままです。視界を考えると、幅広の正面硝子とほぼ直角の側面硝子の組み合わせでは問題があるはずで、欧米の戦闘機では正面のガラスが狭く横の斜面が広い形のものが多用され、側面視界の向上を図っています。

20. 九六式二号艦上戦闘機二型
第12航空隊所属機

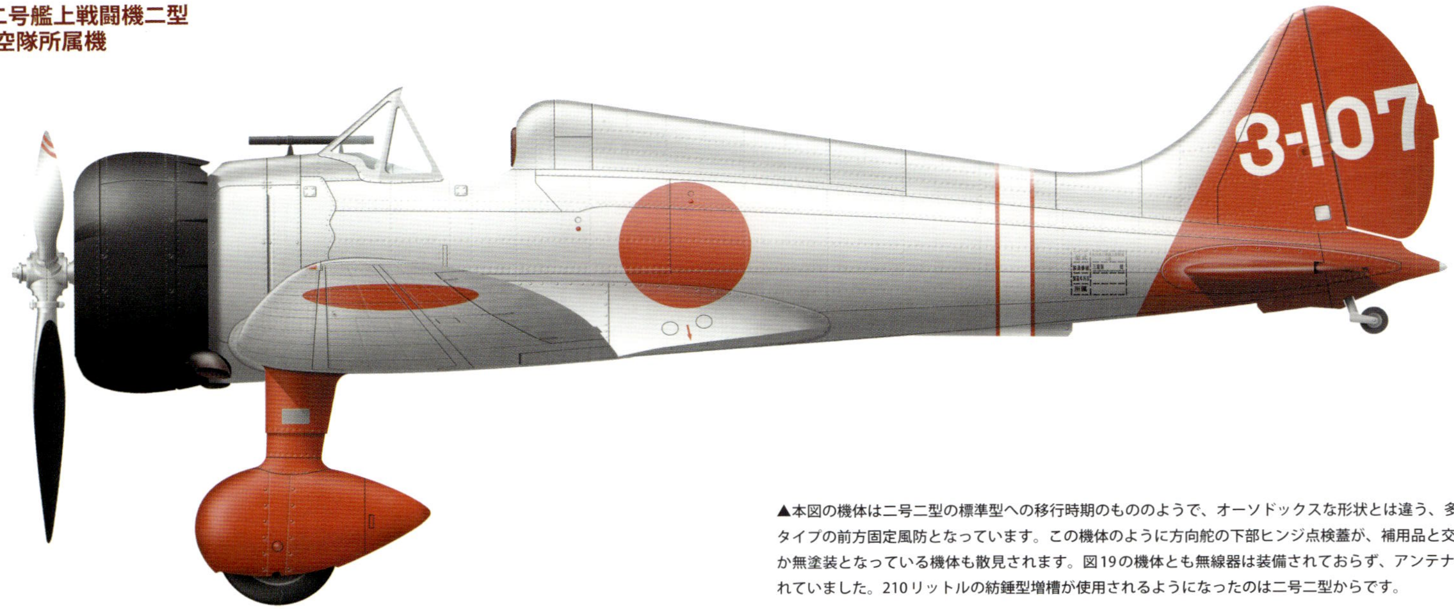

▲本図の機体は二号二型の標準型への移行時期のもののようで、オーソドックスな形状とは違う、多角形の5枚タイプの前方固定風防となっています。この機体のように方向舵の下部ヒンジ点検蓋が、補用品と交換したためか無塗装となっている機体も散見されます。図19の機体とも無線器は装備されておらず、アンテナ柱も撤去されていました。210リットルの紡錘型増槽が使用されるようになったのは二号二型からです。

21. 九六式二号艦上戦闘機二型 第12航空隊所属機

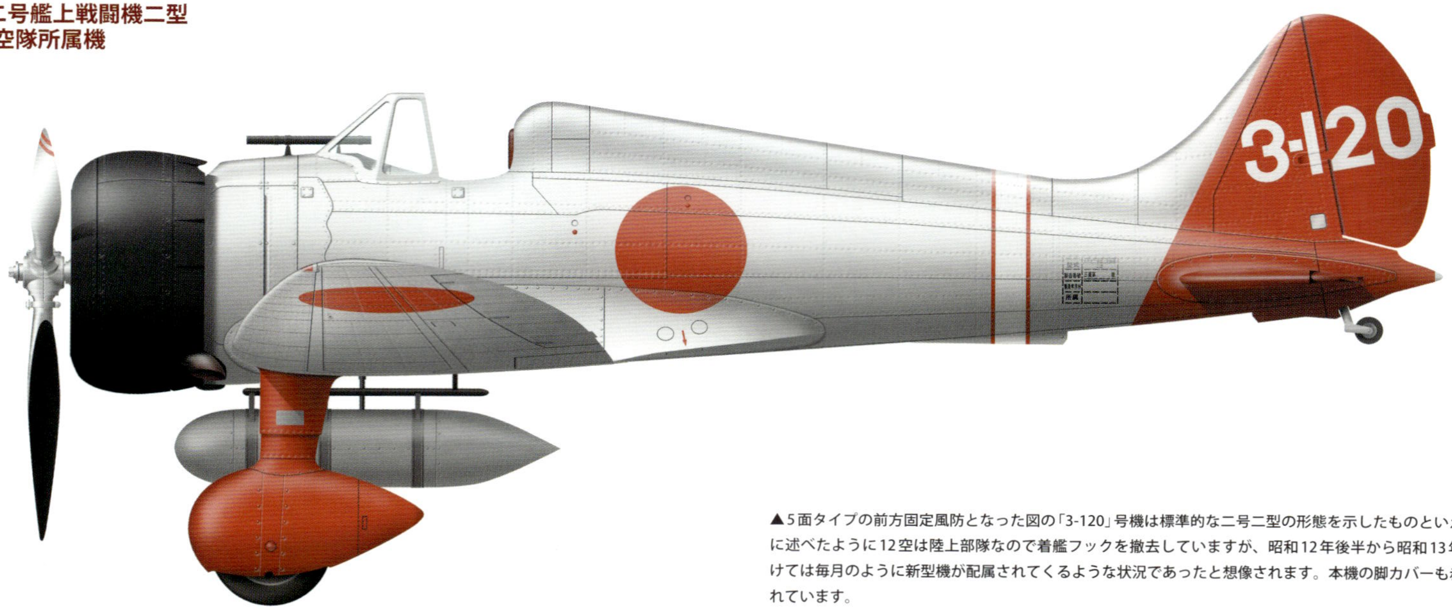

▲5面タイプの前方固定風防となった図の「3-120」号機は標準的な二号二型の形態を示したものといえます。先に述べたように12空は陸上部隊なので着艦フックを撤去していますが、昭和12年後半から昭和13年前半にかけては毎月のように新型機が配属されてくるような状況であったと想像されます。本機の脚カバーも赤く塗装されています。

22. 九六式二号艦上戦闘機二型 第12航空隊所属機

▲本図の機体も多くの12空の九六艦戦に見られるように、赤く塗装された主脚カバーの後部スパッツを泥除けのために外しており、大陸での飛行場整備状況がいかに厳しいものであったかが想像されます。なお、本図の機体を含め、九六式艦上戦闘機の垂直尾翼に描かれている機番号は方向舵の軸に垂直（地上姿勢で水平になる）に配置されているのが特徴です。

23. 九六式二号艦上戦闘機二型
〔報國-132　レート號〕第12航空隊所属機

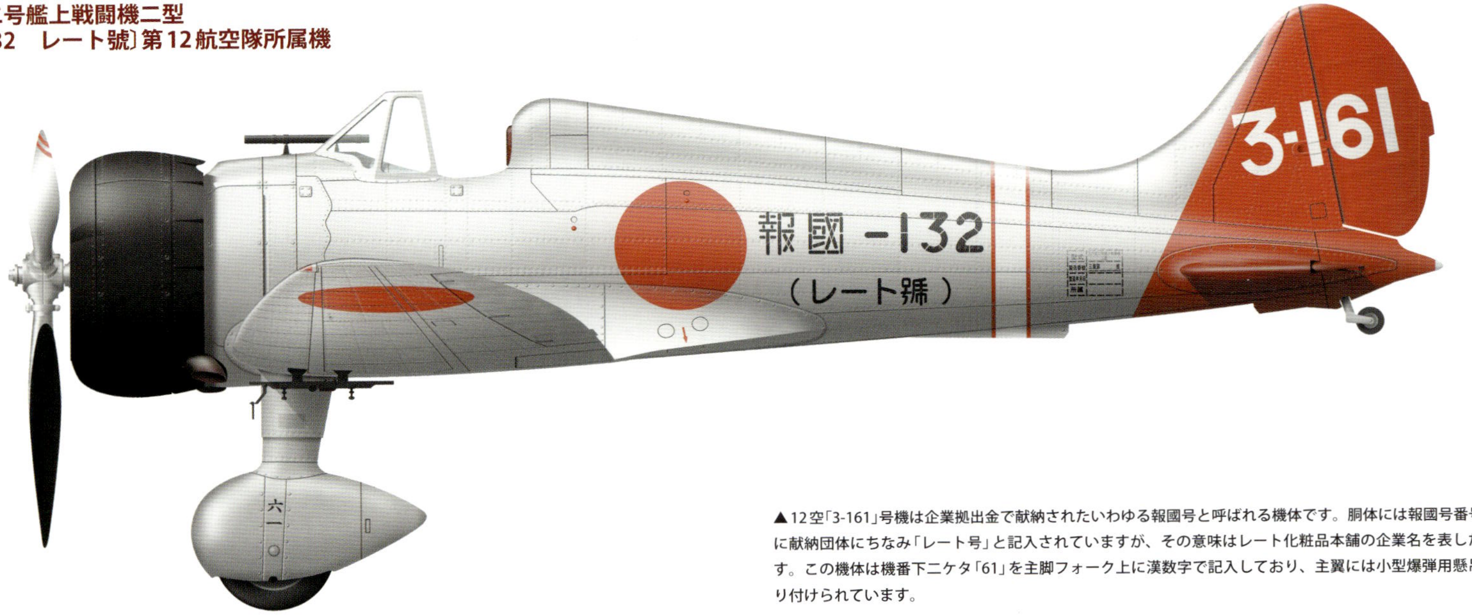

▲12空「3-161」号機は企業拠出金で献納されたいわゆる報國号と呼ばれる機体です。胴体には報國号番号とともに献納団体にちなみ「レート号」と記入されていますが、その意味はレート化粧品本舗の企業名を表したものです。この機体は機番下二ケタ「61」を主脚フォーク上に漢数字で記入しており、主翼には小型爆弾用懸吊架が取り付けられています。

24. 九六式二号艦上戦闘機二型
〔報國-222　北國號〕第12航空隊所属機

▲同じく本図の「3-174」号機は金沢市の株式会社北国（ほっこく）新聞社により献納された報国-222「北国号」です。一部の資料では四号とされていますが、写真をよく見たところ、風防側面の幅が広いようで、二号二型であると判断して作製しています。本機も図23の機体と同様に機番の下二ケタ「74」を主脚フォーク上に漢数字で描きいれているのがアクセントになっています。

25. 九六式四号艦上戦闘機
〔報國-317號　宮城水産號〕第14航空隊所属機

▲昭和13年後半になると、総決算ともいうべき九六式四号艦上戦闘機が第1線部隊にも供給されました。図の機体は「宮城水産號」で、14空に配備されたばかりのころ。垂直尾翼の報國号文字はそのままですが、その上方には当時の14空の機体によく見られた2本の白帯をすでに記入しています。四号艦戦では二号二型で撤去されて以来途絶えていた無線器が復活しています。

26. 九六式四号艦上戦闘機
〔報國-317號　宮城水産號〕第14航空隊所属機

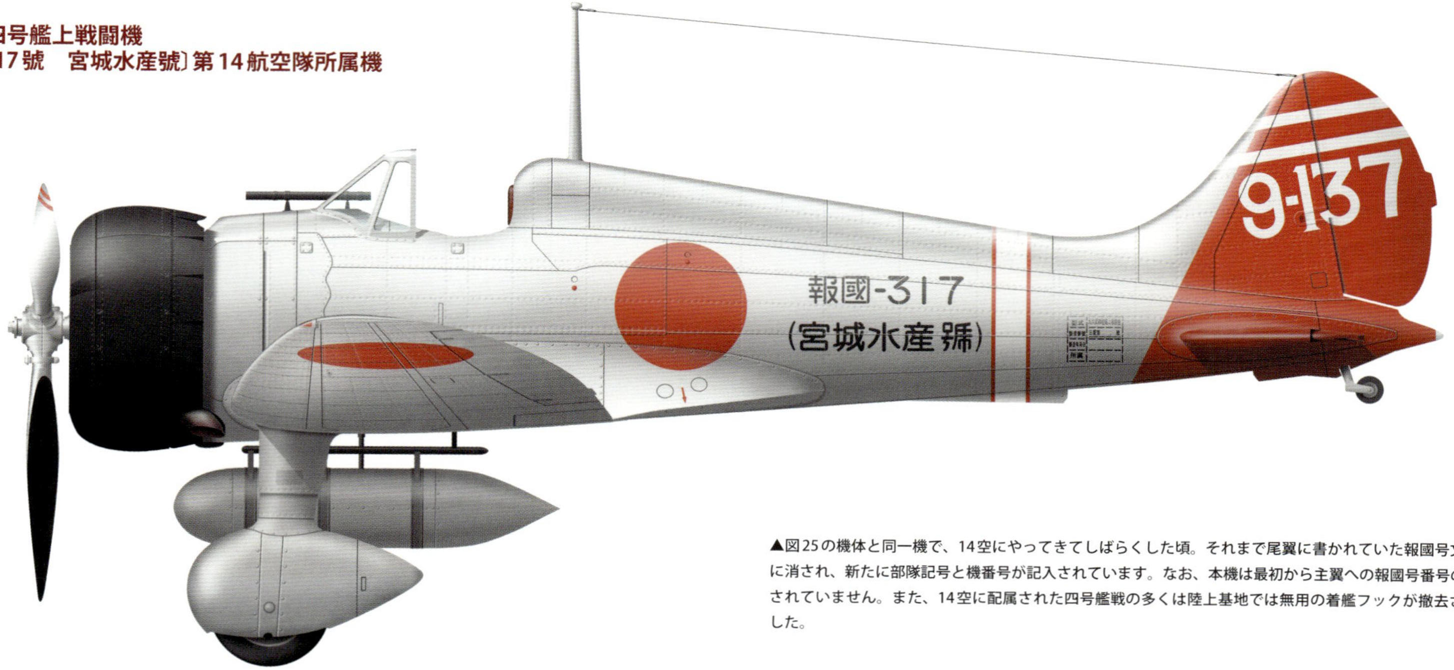

▲図25の機体と同一機で、14空にやってきてしばらくした頃。それまで尾翼に書かれていた報國号文字は丁寧に消され、新たに部隊記号と機番号が記入されています。なお、本機は最初から主翼への報國号番号の記入はなされていません。また、14空に配属された四号艦戦の多くは陸上基地では無用の着艦フックが撤去されていました。

27.九六式四号艦上戦闘機
第14航空隊分隊長 周防元成大尉 機

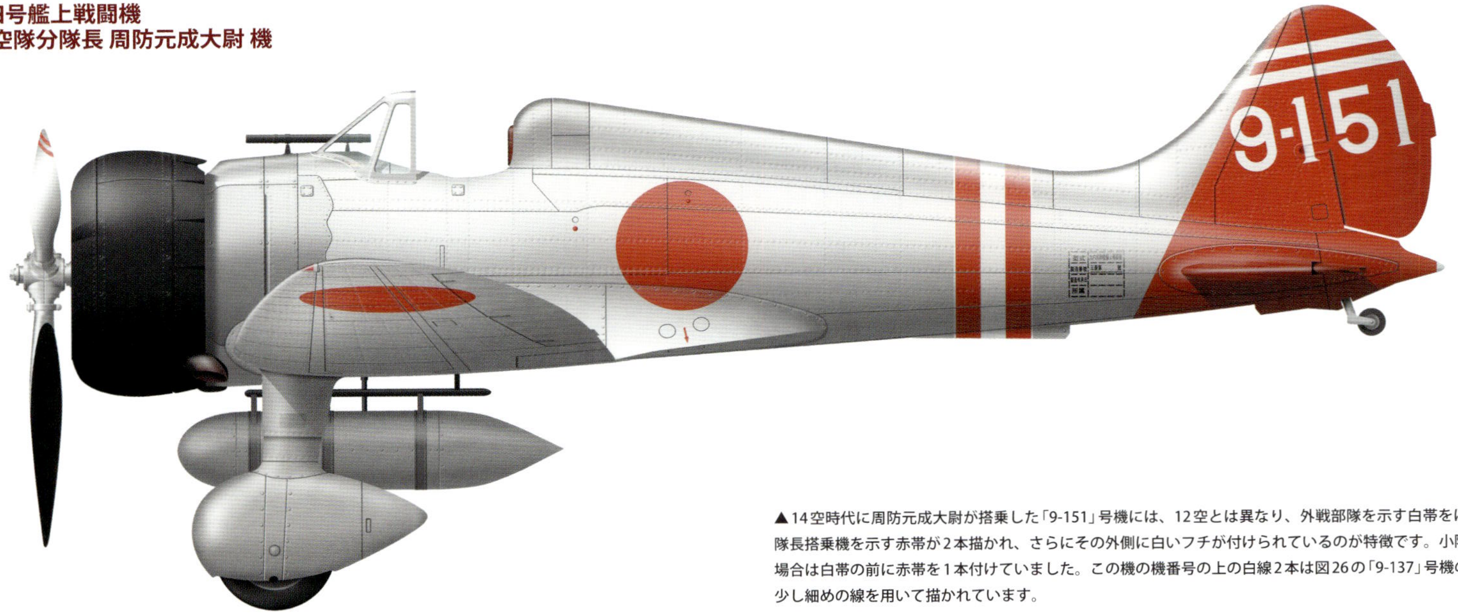

▲14空時代に周防元成大尉が搭乗した「9-151」号機には、12空とは異なり、外戦部隊を示す白帯をはさんで分隊長搭乗機を示す赤帯が2本描かれ、さらにその外側に白いフチが付けられているのが特徴です。小隊長乗機の場合は白帯の前に赤帯を1本付けていました。この機の機番号の上の白線2本は図26の「9-137」号機の場合より少し細めの線を用いて描かれています。

28.九六式四号艦上戦闘機
〔報國第368號　大分縣教育號〕昭和15年3月

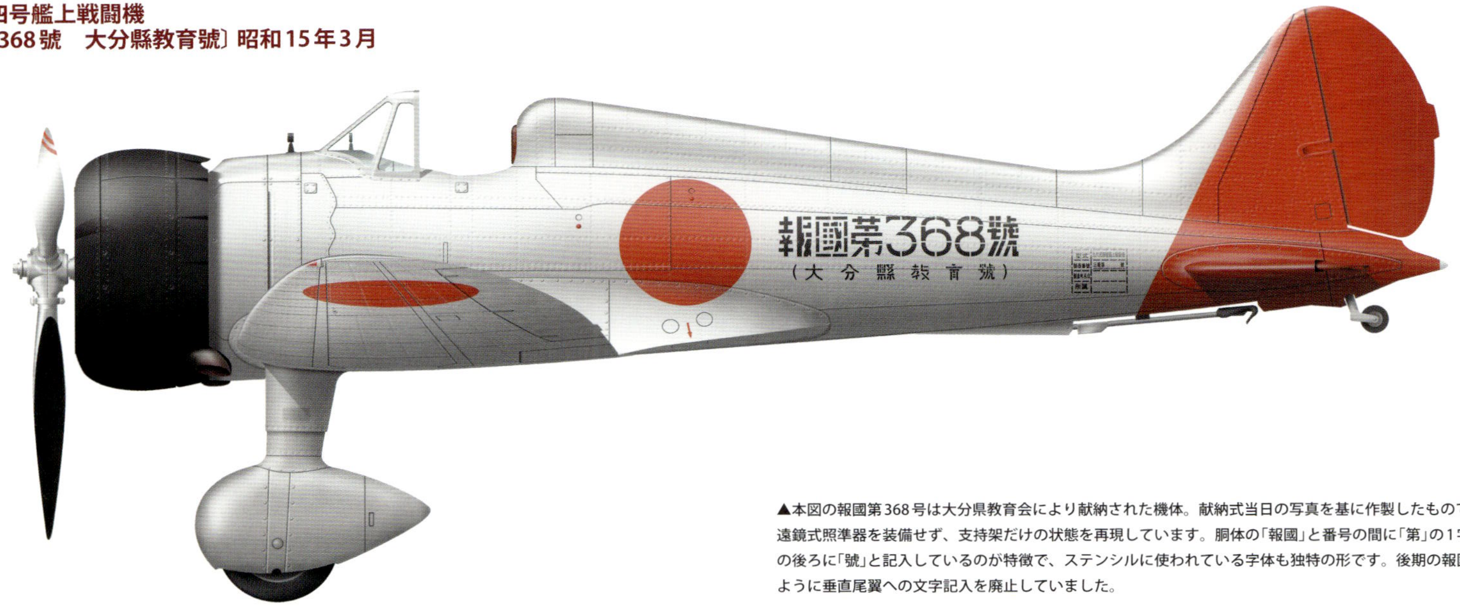

▲本図の報國第368号は大分県教育会により献納された機体。献納式当日の写真を基に作製したもので、OEG望遠鏡式照準器を装備せず、支持架だけの状態を再現しています。胴体の「報國」と番号の間に「第」の1字と、番号の後ろに「號」と記入しているのが特徴で、ステンシルに使われている字体も独特の形です。後期の報國号は図のように垂直尾翼への文字記入を廃止していました。

はじめに

昭和7年（1932年）の上海事変で初の実戦を経験した日本海軍戦闘機隊が、本格的な航空作戦を展開するようになったのは昭和12年7月の盧溝橋事件に端を発する日華事変（日中戦争）が始まってからのことである。以来、数々の海軍戦闘機隊が編成され、大陸の空へと馳せ参じることとなった。

そのなかでも昭和12年7月に編成されて以降、長らく中支方面にあって日本海軍戦闘機隊の主力として戦い、太平洋戦争の開戦直前の昭和16年（1941年）9月に解隊されたのが第12航空隊、略称“12空”である。佐伯で編成され、大陸に進出した当初は九五式艦上戦闘機で苦戦を強いられた12空は、九六式艦上戦闘機を供給されるとしばらくして13空戦闘機隊の大部分を吸収し、一大戦闘機隊として大陸の空を駆けめぐった。昭和15年7月に零式艦上戦闘機を初めて供給されたのも12空であった。その後の戦いの様子はすでに歴史的にも周知の事柄となっている。

南支方面の作戦を担当する部隊として昭和13年4月に編成されたのが第14航空隊である。開隊以来長らく南支方面で地味な地上戦協力を実施していた14空は、やがてその一部を中支方面に派遣して中国航空戦を戦うだけでなく、昭和15年9月には12空に続いて新鋭の零戦の配備部隊となり、北部仏印に進駐して中国奥地への航空作戦を実施するにいたった。

本書は著者が海軍戦闘機隊についての取材をしていく上で入手することができた12空と14空に関する写真を軸として、その戦歴を紹介するものである。

とくにシリーズ既刊となる「日本海軍戦闘機隊　戦歴と航空隊史話」「日本海軍戦闘機隊２　エース列伝」で掘り下げることのできなかったこれら部隊の装備戦闘機や指揮官、隊員たち、そしてさまざまな活動シーンについてはなるべく多くを披露することを心がけた。

そして大陸航空戦の主力となった九六式艦上戦闘機が登場するまでに海軍戦闘機隊で愛用された複葉戦闘機や、「報國号」の名で広く国民にも親しまれた献納機についても併せて収録し、また大陸の航空戦で活躍した指揮官や隊員たちを紹介する項を設けさせていただいた。

前書２冊を補完する資料としてお楽しみいただければ幸甚である。

伊沢保穂

It introduces the mark of the I.J.N fighter & Force.

Japanese name	mean	Mark in this book
三式艦上戦闘機	Type 3 Carrier fighter	A1N
九〇式艦上戦闘機一型	Type 90 Carrier fighter Mk.1	A2N1
九〇式艦上戦闘機二型	Type 90 Carrier fighter Mk.2	A2N2
九〇式艦上戦闘機三型	Type 90 Carrier fighter Mk.3	A2N3
九五式艦上戦闘機	Type 95 Carrier fighter	A4N
九六式一号艦上戦闘機	Type 96 Carrier fighter Mk.1	A5M1
九六式二号艦上戦闘機一型	Type 96 Carrier fighter Mk.2	A5M2a
九六式二号艦上戦闘機二型	Type 96 Carrier fighter Mk.2bis	A5M2b
九六式四号艦上戦闘機	Type 96 Carrier fighter Mk.4	A5M4
零式一号艦上戦闘機一型	Type 0 Carrier fighter Mk.1	A6M2a
第12航空隊	The 12th Flyng Group	12Ku
第14航空隊	The 14th Flyng Group	12Ku
佐伯海軍航空隊	Saeki Flyng Group	Saeki-Ku

目次

●日本海軍航空隊関係階級呼称一覧(大佐以下)

		昭和4年5月10日制定	昭和16年6月1日改正	昭和17年11月1日改正	陸軍階級との対比
Capt	士官	大佐	大佐	大佐	大佐
CDR		中佐	中佐	中佐	中佐
LCDR		少佐	少佐	少佐	少佐
LT		大尉/特務大尉/予備大尉	大尉/特務大尉/予備大尉	大尉	大尉
LTJG		中尉/特務中尉/予備中尉	中尉/特務中尉/予備中尉	中尉	中尉
ENS		少尉/特務少尉/予備少尉	少尉/特務少尉/予備少尉	少尉	少尉
WO	准士官	航空兵曹長(空曹長)	飛行兵曹長(飛曹長)	飛行兵曹長(飛曹長)	准尉
PO1c	下士官	1等航空兵曹(1空曹)	1等飛行兵曹(1飛曹)	上等飛行兵曹(上飛曹)	曹長
PO2c		2等航空兵曹(2空曹)	2等飛行兵曹(2飛曹)	1等飛行兵曹(1飛曹)	軍曹
PO3c		3等航空兵曹(3空曹)	3等飛行兵曹(3飛曹)	2等飛行兵曹(2飛曹)	伍長
Sea1c	兵	1等航空兵(1空)	1等飛行兵(1飛)	飛行兵長(飛長)	兵長
Sea2c		2等航空兵(2空)	2等飛行兵(2飛)	上等飛行兵(上飛)	1等兵
Sea3c		3等航空兵(3空)	3等飛行兵(3飛)	1等飛行兵(1飛)	2等兵
Sea4c		4等航空兵(4空)	4等飛行兵(4飛)	2等飛行兵(2飛)	3等兵

※兵からの叩き上げである特務大尉/中尉/少尉は「特務士官」と呼ばれ、正規の士官(海軍兵学校、海軍機関学校、海軍経理学校の出身者)とは格下の扱いを受けた。ただし技倆としては飛行時間の長い特務士官に軍配が上がり、こと航空に関していえば海兵出身の若い士官はこれら特務士官、准士官に対し礼節を持って対応した。なお、特務士官や予備士官の階級呼称は 廃止されたが、心情的な概念は最後まで残った。
※兵以下の呼称には例えば「1空兵」、「1飛兵」、「飛兵長」など、略称に「兵」を加えて用いる場合もあった。

第1章

Chapter 1：Initial domestic production I.J.N aircraft carrier fighters

九六艦戦の登場まで

第１次世界大戦で生まれた戦闘機という機種が日本海軍に導入されたのはその戦後のこと。

外国製の機体を輸入しての手習いから始まった艦上戦闘機の開発は航空母艦の発展とともにあったが、ここでは上海事変で初めて実戦参加した三式艦戦から九六艦戦までの国産艦上戦闘機を整理しておきたい。

It is after World War I that I.J.N had the fighter. This chapter introduces the carrier fighter of domestic of I.J.N until appearing A5M.

日本海軍の戦闘機は十年式艦上戦闘機以来、長らく複葉が主流であった。写真はその日本海軍最後の複葉戦闘機となった九五式艦上戦闘機。搭乗するのは中尉時代の周防元成氏。

A4N fighter that became the last Biplane fighter of I.J.N. . Airframe that LTJG Motonari Suho boards.

[A1N]三式艦上戦闘機

グロースター・ゲームコックを中島飛行機用に改造した「ガンベット」に範をとって開発されたのが「三式艦上戦闘機」。三菱の「十年式艦上戦闘機」に続いて昭和3年に開発に着手、翌年制式化された機体で、昭和7年の上海事変で空母加賀戦闘機隊機が初撃墜を記録したことでも有名だ。写真は昭和ひとケタ台の霞ヶ浦空における三式艦戦「カ-255」号機。防諜上の理由から、背景は修整されている。

A1N of Nakajima airplane that imitates Gloster Gambet and is produced. A1N in the photograph belongs to Kasumigaura-Ku.

同じく霞ヶ浦空の三式艦上戦闘機。霞ヶ浦空は大正11年に大村空とともに開隊した部隊で、陸上機用の飛行場のほか、霞ヶ浦の湖面を利用した水上機の離発着も可能であった。ご覧のようにこの頃の飛行場は平坦に転圧しただけで舗装された滑走路はなく、本機も尾輪ならぬ尾橇式である。

A1N of Kasumigaura-Ku similarly. Kasumigaura-Ku is Air Squadron founded with Omura-Ku in 1922. It had the base of the airport and the seaplane for the land-based aircraft.

▲空母「加賀」戦闘機隊の三式艦上戦闘機「ニ-203」号機。尾翼部の赤い保安塗粧のほか胴体に太い赤帯を1本巻いている。この当時の空母搭載機の記号は「鳳翔」が“ロ”、「赤城」が“ハ”、「加賀」が“ニ”で、“イ”は「若宮」が使用していた。なお、上海事変で編隊空戦によりロバート・ショート機を撃墜した生田乃木次大尉機は「ニ-226」号機であった(『中国的天空 上巻』中山雅洋著/大日本絵画刊に写真掲載)。画面奥に見える機体は「一三式艦上攻撃機」。

A1N of aircraft carrier "Kaga" fighter group "Ni-203". One red belt has been rolled in a red safety color and the body in the tail. LT Nokiji Ikuta who shot down the Robert short circuit in the Shanghai Incident got on "Ni-226".

▶昭和8年2月25日、豊後水道における吹き流し標的射撃の飛行訓練を終えて着艦しようとした際、海上に墜落した空母「鳳翔」の三式艦戦「ロ-225」号機。折からの突風に煽られ、機体の立て直しを図ったものの左首車輪の舷外脱落、着艦フックからのワイヤー欠落などの不運が重なっての事故であり、搭乗の戦闘機隊分隊長 福森義雄大尉(海兵51期)は殉職した。この間、福森大尉がとっさにエンジンスイッチを切り、大事にいたらぬよう冷静に対処した様子が伝えられている。

A1N of aircraft carrier "Hosho Ro-225" that crashes in Bungo-Suido on February 25, 1933. Be boarding LT Yoshio Fukumori died on duty.

[A2N]九〇式艦上戦闘機

館山空における九〇式艦上戦闘機二型。本機は日本人の手により模倣から応用へと発展設計された初の実用戦闘機といえ、昭和７年に制式採用され、昭和１２年７月からの日華事変(日中戦争)初期には第１線機として活躍した。踏み台に立ち両主翼を見上げるちびっ子に寄り添う下士官並びに水兵さんが微笑ましい。左後方には日本海軍で輸送機として活躍したフォッカー・スーパーユニバーサルの姿が見えている。

A2N2 in Tateyama-Ku. It is a practical fighter of first I.J.N designed by the Japanese engineer. Children are and there is nearby to look up at the standing both main wings a sailor in the step. The rear side of the left is the Fokker Super-universal used as a transport aircraft in I.J.N.

編隊を組んで洋上を飛ぶ呉空の九〇式艦上戦闘機三型「ク-141」号機。九〇艦戦は二型で操縦席前方胴体が改設計され、三型で上翼に5度の上反角が付く（二型として製造されたのちに主翼を交換するケースもあった）。画面左下にのぞいているピトー管に注意。呉空は大正14年4月に佐世保空呉派遣隊が設置されたのを嚆矢に昭和6年6月に開隊したした部隊であった。

A2N3 of Kure-Ku "Ku-141" unites the formation and it flies over the sea. The pitot tube excluded under the left of the screen is noted. Kure-Ku was founded in June, 1931.

昭和10年10月4日、呉空戦闘機隊解散により勢揃いして記念写真に納まった九〇式艦上戦闘機三型。左から「ク-259」、「ク-257」と続いているが、下翼に小型爆弾懸吊架を装備した機体も見える（左から2機目、4機目）。これ以後、呉空に戦闘機隊が再設置されるのは昭和19年になってから（のちに332空となる）。

A2N3 of Kure-Ku when the fighter unit disbanded on 4 October 1935.

飛行訓練を終えて簡易指揮所の分隊長へ報告を行なう大湊空の搭乗員たち。左端は操練16期の柴山栄作1空曹。その右は若かりし頃の羽切松雄1空兵。大湊空は昭和8年に開隊した部隊で、やはり陸上機用の飛行場と水上機基地の両方を持っていた。部隊記号は「オミ」の2字である。後方の九〇艦戦は三型で尾翼にその部隊記号の一端がうかがえる。

A2N3 & pilots of Ominato-Ku. Ominato-Ku was founded in 1933. The Squadron code is "Omi. "

昭和10年ごろか、格納庫内において鏡餅を供え、正月飾りを施された大村空の九〇艦戦二型。中央の機体は「オ-267」号機で左奥に「オ-253」号機が、右奥の機体の尾翼には「オ」の部隊記号が見える。戦間期の海軍航空部隊での正月の雰囲気がよく伝わってくる1葉といえよう。

A2N2 of Omura-Ku to which decoration at New Year is given in hangar in about 1935. It can be said the photograph where the atmosphere for the I.J.N air unit at the New Year is often transmitted.

九五式艦上戦闘機［A4N］

昭和11年初夏から秋にかけての佐伯空戦闘機隊の九五式艦上戦闘機。左から「サヘ-187」「サヘ-186」「サヘ-189」「サヘ-191」「サヘ-151」の順で並んでいるようだ。開発が難行する次期艦上戦闘機の中継ぎとして中島飛行機により九〇式艦上戦闘機改（当初はそのままこの呼称が使われた）として開発された本機であったが、その運動性能は別として総合的にはアカ抜けないでき映えの戦闘機であった。航続力の不足などでこののちの大陸の作戦で苦戦を強いられることとなる。

A4N of Saeki-Ku fighter group in about 1936. It queues up from the left in order of "Sahe-187", "Sahe-186", "Sahe-189", "Sahe-191", and "Sahe-151". A4N was developed by the Nakajma .

洋上を飛行する佐伯空の九五艦戦。真ん中の機体は「サヘ-191」号機で中島飛行機での製造番号第54号機（昭和11年5月12日製造）、前掲写真で左から4番目に位置する機体である。昭和11年11月26日、編隊飛行訓練に離陸した本機は突然発動機がストップ、飛行場に引き返そうとした際に錐揉み状態となって飛行場南方の畑地に墜落し、搭乗していた田中健三少尉（海兵61期）は殉職した。少尉は6日前に霞ヶ浦での第27期飛行学生教程を卒業したばかりであったが、その事故原因は燃料コックの不良と推定された。

A3N1 of Saeki-Ku where sea flies. "Sahe-191" at the center is the 54th machine of the Nakajma manufacturing completion on May 12, 1936. "Sahe-191" crashed on November 26, 1936, and pilot ENS Kenzo Tanaka died on duty. The cause of the accident was presumed to be defective about the fuel cock.

事故

降着に失敗し左右の主脚を折損した九〇式艦上戦闘機三型。胴体には破損がないようだが、地面に接地した左下翼、ならびにその支柱に押し上げられて上翼も歪んでしまっている。上半角の付いた主翼や上翼と下翼をつなぐ支柱の取り付け角度がよく観察できる。

A2N3 that fails in accretion. A2N3 that fails in landing, and broke off landing gear.

同じ機体を右前方からクローズアップしたもの。普段うかがい知ることのできない本機の機首部、とくにカウリング内部の様子がわかる。本機の排気管は単排気のようだが、集合排気管に改造された機体も多数見受けられる。

The same airframe as the above photograph is closed up right side front.

九試単座戦闘機

The photograph is experimental the first machine with the inverted gull wing with 9-shi-single-seated fighter of Mitsubishi. This is a prototype of A5M.

七試単座戦闘機の開発に失敗した日本海軍は昭和９年に再び三菱と中島に"九試単座戦闘機"の試作を命じた。写真は逆ガル式主翼の三菱試作１号機（エンジンを寿３型に、プロペラを３翅に換装後）。三菱機は当時「戦闘機の中島」と呼ばれた中島機の性能を上回り、ついにその牙城を崩すにいたった。しかし三点着陸のために機首を上げた時に不安定、降下速度が大きいなどの理由で試作２号機以降はオーソドックスな低翼形式に改められ、これがのちの九六式艦上戦闘機の原型となった。

[A5M]九六式艦上戦闘機

This A5M1 is the first licensed production machine of the Sasebo arsenal.

複葉戦闘機による格闘戦が空中戦技の主流を占めるなか、垂直面での性能に活路を見出されて三菱の九試単戦は昭和１１年秋にようやく九六式一号艦上戦闘機として採用された。写真は佐世保工廠のライセンス生産第１号機で、本家の三菱ではこのころすでに二号二型が生産を開始されており、佐廠でも本機のすぐあとから転換する。

九六艦戦一号と二号一型の機首部

◀九六式一号艦上戦闘機の機首クローズアップ。一号戦のエンジンは空冷星型9気筒630馬力の「寿」2型改1で、プロペラは固定式の住友ハミルトンAM-11A金属製2翅プロペラ（直径2.69m）である。カウリング開口部下側に見えている卵型の開口部は気化器空気取入れ口。普段見ることのできない九六艦戦の胴体下部分の様子が観察できる。自動拳銃を構える被写体の人物は操練34期の吉井恭一兵曹。

Nose improvement of A5M1. The engine of A5M1 is "Kotobuki"Type2-1 of 630 horsepower, and the propeller is the Sumitomo Hamillton AM-11A (diameter 2.69m). The person that sets up the automatic pistol is pilot Kyoichi Yoshii.

▶こちらは九六式二号艦上戦闘機一型の機首部。エンジンは空冷星型9気筒690馬力の「寿」3型に、プロペラは同じく固定式ながら住友ハミルトンSS-2D金属製3翅プロペラ（直径2.98m）に変わった。気化器の形態が昇流式から降流式に変わったため、空気取入れ口はカウリング後部上面に移っている（写真では見えない）。胴体下に懸吊されているのは160リットル入り増槽で、二号二型になると紡錘型に変わる。被写体のダルマヒゲの人物は操練28期のエース 鈴木清延兵曹。

Nose part A5M2a. The engine changed in "Kotobuki"Type3 of 690 horsepower and the propeller changed into three blade Sumitomo Hamillton SS-2D (diameter 2.98m)
The entering drop tank under the body by 160L is done ..hanging... The person with the beard is ace pilot's Kiyonobu Suzuki .

第2章
Chapter 2：The 12th Flying Group Fighter Squadron “12Ku”

第12航空隊

第12航空隊は昭和12年7月7日に勃発した支那事変(日華事変)により、同月11日付けで佐伯航空隊で編成された部隊である。翌8月に大連に進出した同航空隊は以後、昭和16年9月に解隊されるまで中支の航空作戦を担当、その間の昭和15年7月には他隊に先駆けて新鋭の艦上戦闘機「零戦」を供給された部隊としても知られている。

本章では大陸における12空の戦いや若き指揮官、歴戦の猛者たる搭乗員たちについて紹介する。

The 12Ku is a force founded in Saeki-Ku on July 11, 1937. Afterwards, it took charge of the air campaign of a Chinese continent until dissolving in September, 1941. This chapter introduces it about the fight and pilots of 12Ku.

駐機する九六艦戦の前でカメラをかまえ、本写真の撮影者とも写真の撮り合いをする12空の下士官搭乗員たち。同隊の戦いの舞台は中国大陸であり、九六艦戦の活躍とともにあった。後方に見える複葉機は同じく12空の艦爆隊に所属する九四式艦上爆撃機。

NPO pilots of 12Ku that sets up camera in front of A5M.

1. 12空の装備戦闘機

九五式艦上戦闘機［A4N］

昭和12年7月11日付けで佐伯航空隊で新編された第12航空隊の当初の定数は九五艦戦12機、九四艦爆12機、九二艦攻12機であった。写真はその編成間もない頃に佐伯で撮影された12空戦闘機隊の隊員たち。前列左端に鈴木清延兵曹の姿が見える。後方に並べられた九五艦戦にはすでに土色の迷彩が施され、垂直尾翼には左から7、1、2、7、6と機番号が記入されているのがわかる。通常こうした番号は重複しないよう付与されるものだが、7がダブっているのが興味深い。胴体後方には白帯を巻いているが、これは陸海軍共通の外戦部隊標識。指揮所の屋上に見えるラッパ状の対空聴音器が時代を感じさせる(電探にあらず)。

12Ku was founded in Saeki-Ku on July 11, 1937. This Photograph is members of 12Ku staff taken a picture of in Saeki in those days. An earth color camouflage is given as for A4Ns, and the number such as 7, 1, 2, 7, and 6 is filled in from the left on the vertical tail. The front rank left end is pilot's Yoshimichi Saeki.

◀飛行する12空の九五艦戦を1番機の位置から撮影。一見して本機の原型となった九〇式艦上戦闘機三型と見間違えるほど両機は似通っているが、実際には機体サイズは大型化し、より実用性の高い機体に仕上がっていた。尾翼の機番号14が読み取れる。

A4N"14" of 12Ku flies. It is the same camouflage as the last page photograph.

▼昭和13年初め頃、大陸上空を飛ぶ12空の九五艦戦「3-123」号機。新鋭の九六艦戦の導入からしばらくした時期の撮影で、機番号の上に12空の部隊記号「3」を記入する上下2段式になった。機上の人物はのちにエースとして知られることになる尾関行治1空兵で、撮影者は乙飛2期出身のこれまた老練なエース、小泉藤一1空曹である。カウリング脇に小さく記入された機番号下2桁「23」や、下翼に装備された小型爆弾架に注意されたい。

A4N"3-123" of 12Ku that flies over the sky in Chinese continent in about 1938. "3" filled in in the No. title is a force code of 12Ku. The pilot is Ace Yukiharu Ozeki, and the photographer is old-timer Ace, Fujikazu Koizumi.

▲同じく中国の空を飛ぶ12空の九五艦戦「3-134」号機。昭和12年9月に上海の公大基地に進出した12空戦闘機隊であったが、その航続力不足から南京攻撃には参加することができず、もっぱら地上協力と防空任務に従事した。

A4N"3-134" of 12Ku that flies over the sky in China as well as the former photograph. A4N of 12Ku that advanced to the Kunda airbase in Shanghai in September, 1937 was entirely engaged in the ground cooperation and the air defense duty.

▶前掲写真と同じ機体「3-134」号機で、下翼に設けられた応急増設タンクがシルエット状に見えている。

The same airframe as the above-mentioned photograph "3-134". The emergency drop tank of the bottom wing looks like the silhouette.

昭和１３年春〜夏頃の１２空の九五艦戦群。１２空には前年の１０月から１１月にかけて九六艦戦が供給され始めたが、引き続き補助機材として多くの九五艦戦を保有していた。これまで垂直尾翼に記入されていた部隊記号や機番号が見当たらないのが不思議だ（還納するためか?）。画面右奥には新主力機材である九六艦戦の銀翼が輝いている。

A4Ns of 12Ku from spring of 1938 to about summer. It is mysterious to be found of neither the force sign nor the No. title that has been filled in up to now on the vertical tail. A5Ms is seen in a screen right the inner part.

九六式一号艦上戦闘機［A5M1］

昭和12年秋～昭和13年初、揚子江上空を飛行する12空の九六式一号艦上戦闘機「3-173」号機。本機は分隊長以上の空中指揮官が搭乗するためのもので、胴体にはそれを現す2本の赤い帯を記入し、主脚カバーも赤く塗装されているが、車輪部分のスパッツが泥除けのためはずされていることからいつもとは見慣れないシルエットを見せている。風防は5面の平面を持つ後期型を装着している。胴体下のふくらみは本機の長大な航続距離の一部を担った初期型の160リットル落下増槽である。

A5M1“3-173” of 12Ku. 2 red stripes on the fuselage indicate, it is the mount of “Buntai” leader. The cover of the wheel part is removed because of the splashboard. he swelling under the body is a drop tank of an initial type to achieve long large cruising range of A5M.

昭和13年2月、南京上空の雲の上を飛ぶ九六式一号艦上戦闘機「3-151」号機。胴体の白帯には赤いフチが付けられているようだ。やや不鮮明ながら細長い胴体から左右へピンと伸ばされた1枚翼を持つ一号戦の優雅な姿が伝わってくる。胴体にはやはり増槽を懸吊。脚スパッツはこうして後ろ側だけはずされることもあった。操縦するは操練25期の橋本勝弘兵曹で、P.31下写真と同じく小泉藤一氏の撮影（画面右下に主翼が見えている機体の操縦者）によるもの。

A5M1“3-151” flown by Katsuhiro Hashimoto over Nanking in February 1938, taken by Fujikazu Koizumi.

中国大陸を飛行するこの九六式一号艦上戦闘機「3-171」号機はかなり変わった風体をしている。よく観察してみると左主翼には「ヨ-104」と、胴体に隠れて見えないが右の主翼には「ヨ-167」と記入されているようだ。

This A1M1"3-171" that flies the sky in China is considerably mysterious. It seems to be being marked by "Yo-104" and right main wing in a left main wing, "Yo-167".

前ページ下写真を拡大したものがこちら。両主翼の外翼部から先の部分を交換した、2コ1(ニコイチ)ならぬ3コ1の機体であろう。主翼の記号は本来黒で記入されていたはずでその上から銀色(あるいは白?)の塗料で消してあるのではないだろうか。

This is an expansion of the lower photograph of P.35. It might be an airframe that exchanges the parts on the tip of the outside wing of both main wings. It is likely to be erased it on that with argent paints though it is necessary to have filled in the sign of the main wing originally in the black.

九六式一号艦上戦闘機
第12航空隊[3-171]号機
昭和12年秋〜昭和13年春

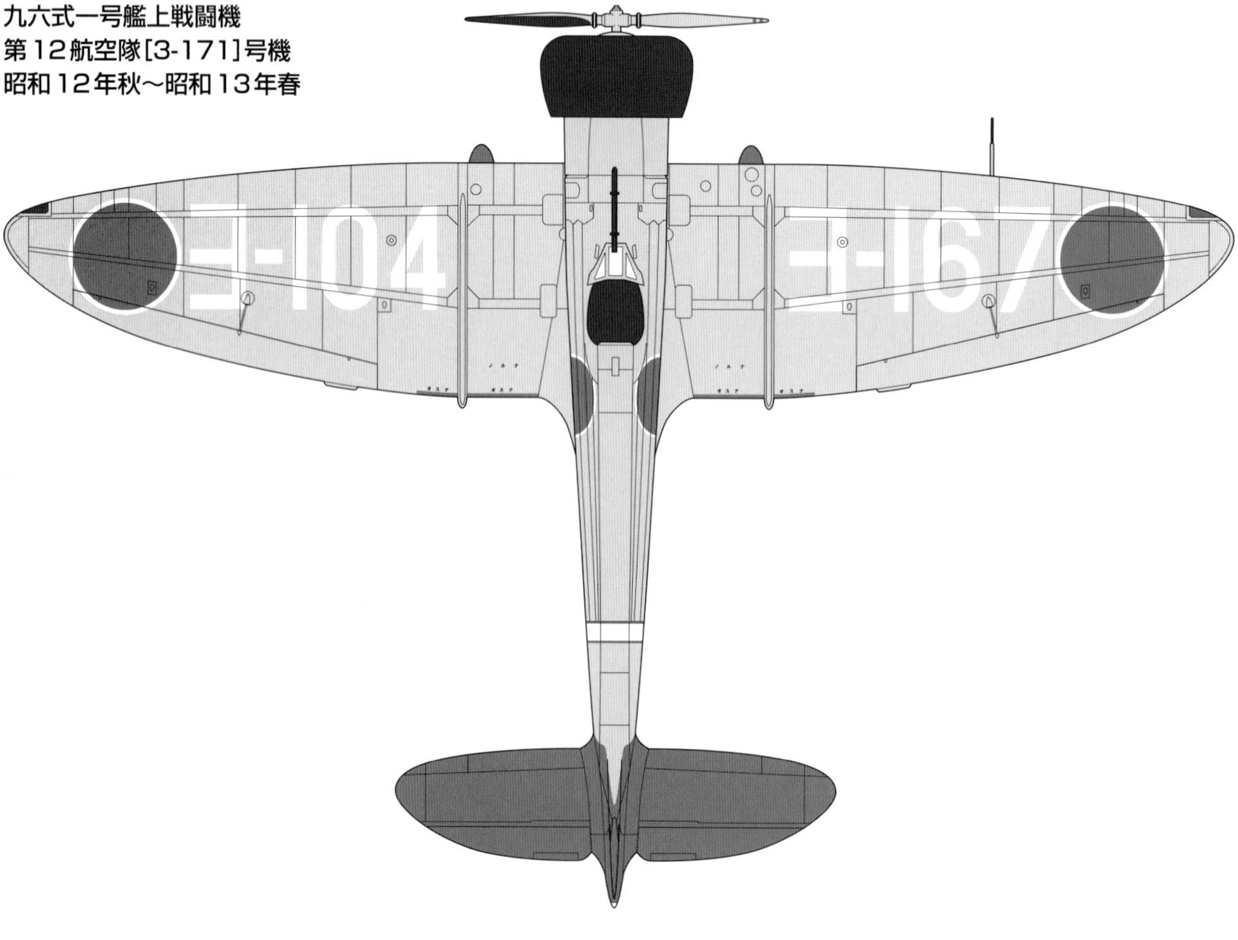

昭和13年春頃、南京の大校場飛行場に進出した12空の九六式一号艦上戦闘機「3-133」号機。部隊記号及び機番号の記入法はこの頃、写真のようにオーソドックスな1列のものに変わった。この次に登場する二号一型に比べ、機首上面のラインがかなり下方へと絞り込まれている様子がわかる。本機の胴体白帯に付けられた赤フチはかなり太めだ。

A5M1"3-133" of 12Ku that advances to Dai-Kojo airbase in Nanjing in about spring of 1938. The filling in method of the force sign and the No. title changed into the orthodox one of one row recently as shown in the photograph. Red line put up to the body white line of this machine is considerably fat.

A5M1"3-134" of 12Ku in about summer from spring of 1938. One red belt of the sign of the head of the platoon is put up ahead of the body white line. PO3c Tetuzo Iwamoto boarded this machine in the Nanchang aircombat on July 23, 1938.

同じく昭和13年春〜夏頃、大陸の空を飛行する12空の九六式一号艦上戦闘機「3-134」号機。上掲写真の機体と連番だが、こちらは胴体白帯の前に小隊長標識の赤帯を1本付けている。昭和13年7月23日の南昌空戦では岩本徹三3空曹が本機に搭乗していることが12空戦闘詳報から判明した。

九六式二号艦上戦闘機一型［A5M2a］

昭和12年秋～昭和13年初、南京市街の上空を飛ぶ12空の九六式二号艦上戦闘機一型「3-154」号機。カウリング後方上部に気化器空気取入れ口が突き出るのが二号一型の特徴であるが、これだけ小さくてもそれが明瞭に見てとれる。眼下には不等辺八角形をした大校場の飛行場が見えている。

A5M2"3-154" of 12Ku that flies over the sky in Nanjing town at the 1938th beginning of the year in autumn of 1937. The Dai-kojo airbase is seen under the screen.

降着した際に鼻を突いた九六式二号艦上戦闘機一型「3-122」号機を手あきの総員で三点姿勢に押し戻そうとしているところ。本機も胴体に赤帯１本を付けており、小隊長乗機として使われたものと思われる。通常であればこうしたアングルでの観察は難しく貴重。機体上面に飛び出た気化器空気取入口や望遠鏡式照準器の取り付け状況などが興味深い。外板のトーンの違いなども参考になるだろう。操縦席後方で胴体から突き出ているのは転倒時の頭部保護支柱でフラップと連動して展張するようになっていた。

A5M2a"3-122" that fails in accretion. This machine also is putting up one red belt to the body, and it seems that it was used as a machine of the multiplication of the head of the platoon. When falling, it is a head protection cover that projects from the body behind the control seat.

昭和13年春～初夏、南京の大校場飛行場で翼を休める九六式二号艦上戦闘機一型「3-138」号機。分隊長の吉富茂馬大尉の乗機として使われた機体で、胴体には2本の赤帯を巻き、主脚カバーも赤で塗装されているようだ。吉富大尉は昭和13年夏に12空から転出するが、14年10月には飛行隊長として再び12空にやってくる。

A5M2a"3-138" of 12Ku that rests wing in Nanjing at early summer from spring of 1938. It seems to fill in two red belts on the body with LT Shigema Yoshitomi , and to be painted the main leg cover in red.

飛行する12空の九六式二号艦上戦闘機一型「3-123」号機。上掲の「3-138」号機とともに操縦席後方の背びれを大きくして開閉式の頭部保護支柱を廃止した三菱製作47号機以降のタイプだ。

A5M2a"3-123" of flying 12Ku. It is a type to enlarge the dorsal fin behind the cockpit with "3-138" in the above photograph and to abolish the head protection prop of the opening and shutting type.

この九六式二号艦上戦闘機一型「3-123」号機は前ページ下写真と同じ機体で老練なエース鈴木清延3空曹(『日本海軍戦闘機隊2 エース列伝』P.168参照)の搭乗機である。本機の胴体白帯に付く赤フチも太い例(左側の機体は白フチのみ?)。カウリング上部へニョッキリと出た気化器空気取入れ口、背の低い前方固定風防とは不釣り合いに大きな操縦席後方背びれなど、後期の二号一型の特徴あるスタイルがよく伝わってくる。本機の垂直尾翼の向こう側に見えている機体は2翅プロペラの一号戦だ。

This A5M2a"3-123" is the same airframe as the photograph under last page. It is a boarding machine of ace's PO3c Kiyonobu Suzuki. Red line that adheres to a body white belt of this machine is a fat example, too.

九六式二号艦上戦闘機二型 密閉風防型［A5M2b early type］

昭和12年秋～昭和13年初めころ、飛行場の片隅に駐機する九六式二号艦上戦闘機二型「3-165」号機。二号二型は搭載発動機の寿3型をそのままにエンジンカウリング（カウルフラップも追加された）と垂直尾翼直前までの胴体を改設計したもので、加えてご覧のように密閉式風防が導入された。主脚が強化され、カバーも大きくなったのも特徴のひとつである。前方固定風防も背の高い3面のものとなっている。写真の機体はカウリングの下半分をグレーに塗り、主車輪後方のスパッツも泥除け対策で取り外されている。

A5M2b"3-165" that lines up in airbase at about the 1938th beginning of the year from autumn of 1937. A5M2b is a type to design the body again with engine Cowling. The canopy is a type with a tall near, front, fixed windscreen. Cowling's lower half is painted on the gray, and the airframe in the photograph the purpose of covering behind a main wheel is the splashboard and detached.

◀南京大校場の飛行場を発進にかかる九六式二号艦上戦闘機二型「3-164」号機。前ページ写真の機体と連番でおそらく画面奥に駐機する機。ただし、可動風防と後方固定風防が撤去されている。

A5M2b"3-164" that takes off from airbase in Nanjing. However, a canopy and a rear, fixed windscreen are removed.

▼昭和13年夏ごろか、九六式二号艦上戦闘機二型「3-104」号機と「翼の下に憩う荒鷲連」。本機も「3-164」号機とともに可動風防と後部固定風防を取りはらっている。九六艦戦の密閉風防は相当に不評であったが、これはもともとのデザインが窮屈であったためと思われ、のちに零戦が登場した際には諸手を上げて歓迎されたという逸話がある。

About summer of 1938 or A5M2b"3-104" and members. This machine also is removing a movable windshield and a back, fixed windshield. The canopy of A5M had an ill name considerably.

九六式二号艦上戦闘機二型［A5M2b］

がっちりとした３機編隊で中国大陸上空を飛ぶ九六式二号艦上戦闘機二型「3-120」号機。二号二型は三菱製作第98号機と同第110号機以降、並びに佐世保工廠製作の第17号機以降の機体で、密閉型風防を廃止し、開放風防に戻したもの。写真の機体はさらに後期のタイプに分類されるもので前部固定風防が角型の５面（正確には上部を入れて６面）になっている。増槽も二号二型からのちの零戦に通ずる紡錘型の洗練されたものに変わった。画面右を飛ぶ機体「3-122」は報國-171“第33全日本號（機体には「全日本號」とのみ記入）”なのだが、この写真では鮮明に読み取れない。

A5M2b"3-120" that flies over the sky over China. The canopy was abolished with the airframe since made by Mitsubishi No.98, No.110 and Sasebo arsenal No.17 production, and A5M2b was returned to the windscreen of open. The airframe in the photograph is a type of A5M2b further at latter term. The drop tank changed into shape..Zero's tank.. .

昭和12年秋～昭和13年初めころ、大陸の雲上を飛行する九六式二号艦上戦闘機二型「3-162」号機。本機の前部固定風防は二号二型前期の密閉風防型の機体に用いられていたものと同様に3面タイプのものである。主脚カバーが赤く塗装されていることに注意。乙飛5期の角田和男3空曹の搭乗機といわれ、機上の人物はマフラーではなく覆面状の防寒をしていることも読み取れる。

A5M2b"3-162" that flies during autumn of 1937 and early 1938.It is noted that the main leg cover is painted in red. It is a machine of PO3c Kazuo Tunoda who is the ace.

It introduces one of the variations of a front, fixed windshield of A5M2b here. It might be a form of an excessive period until the windshield of five type appears.

▲九六式二号艦上戦闘機二型の前部固定風防のバリエーションのひとつをここで紹介する。全面の４角い平面風防のほかに側面に４枚の３角形の平面を持つもので、５面タイプの風防が出現するまでの過度期の形式と思われる。

◀九六式二号艦上戦闘機二型のかたわらに立ってポーズを決める操練３３期の普川秀夫兵曹。本機は前部固定風防が３面のタイプのもので操縦席後方の背びれ部分との位置関係がよくわかる。胴体部分の質感がよく観察できる１葉ともいえるだろう。

Hideo Fukawa that poses before A5M2b. In this machine, a front, fixed windscreen has three types.

▲昭和13年春から夏にかけてか、陽光を浴びて駐機する12空の九六式二号艦上戦闘機二型「3-142」号機。老練なエースとして知られる森 貢1空曹の搭乗機であり、5面タイプの固定風防を装備している。主脚カバーは赤く塗られ、スパッツ後方はやはり泥除けのためはずされている様子が見てとれる。画面左に見えている「3-121」号機は胴体の背びれが低い二号一型で、右写真と同一機と思われる。

A5M2b"3-152" of 12Ku put in summer in spring of 1938. It is a machine of PO1c Mitugu Mori who is an experienced ace. The main leg cover is painted red, and the rear side of pants is removed still because of the splashboard. Because the dorsal fin in the body is low, left "3-121" of the screen is A5M2a (right photo see).

豊臣秀吉の高松城水攻めではあるまいが、突然の降雨か河川の氾濫により水浸しになった飛行場で所在なくたたずむ12空の九六艦戦群。左手前の機体には「3-166」の機番号が読み取れる。

A5M crowd of 12Ku of airbase that became soddenness by flood of sudden rain or river. The No. title of "3-166" can be read in the airframe in front of the left hand.

雲上を飛行する九六式二号艦上戦闘機二型（左）と九六式二号艦上戦闘機一型(右)。小さいながらも主脚カバーの大きさや背びれの高さなど、両機の特徴の違いをよく捉えた写真である。

A5M2b (left) A5M2a (right). It is a photograph where the difference of the feature of both machines like the size of the main leg cover and the height etc. of the dorsal fin was often caught.

写真で見る

九六式艦上戦闘機各型 風防と背ビレの変遷

A5M each type windscreen

九六式艦上戦闘機は大きく分けて一号から四号まで6タイプに分類されるが(※)、その各型のなかでもさらに風防の形や背びれの高さなどが違うサブタイプが存在した。

ここではその一部を掲げ、参考としたい。

※九六艦戦には液冷のイスパノスイザ12Xcrs V型12気筒エンジンを搭載した三号があったが、実用化ならず。

一号(A5M1)

1 13空の一号艦戦。いわゆる片翼帰還を果たした樫村寛一3空曹機。背の低い3面タイプの固定風防は一番初期の形態である。背びれの上方に飛び出ているのは転覆時の頭部保護支柱。

2 同じく13空の一号艦戦。この機体も3面タイプの固定風防である。

3 同じく3面タイプの一号艦戦。

4 一号艦戦の後期では風防が5面タイプのものとなった。

5 こちらも5面タイプの風防。座席をいっぱいにまで上げた状態。操縦席はかなり狭隘であったことがうかがえる。

6 後方から5面タイプの風防をのぞくと、1枚1枚の幅がだいぶ狭いことが読み取れる。

二号一型前期(A5M2a eary)

7 後期の一号艦戦と同じ形態の風防と背びれを持つ二号一型。ここでもやはりフラップと連動する転覆時頭部保護支柱が展張されている。

二号一型後期(A5M2a)

8 二号一型は三菱製作第47号機(試作機から加算しての号数)以降、背びれを上方へ延長し(→)、可動式の転覆時頭部保護支柱を廃止した。風防の形状は本型まで一号艦戦後期型と同様である。

二号二型密閉風防
(A5M2B canopy type)

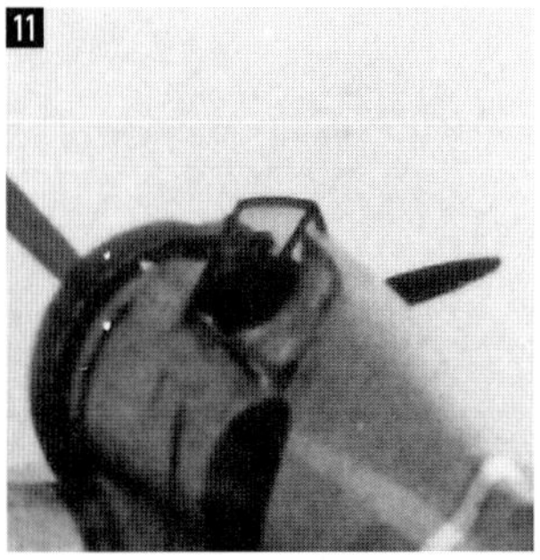

9 10 二号二型では胴体に大幅な改良が加えられ、可動式の密閉風防も採用された。前部固定風防は3面タイプの背の高いものとなった。
11 ところが、この密閉式風防は操縦員たちからはことのほか不評を買い、やがて可動風防だけでなく後部の固定風防まで撤去されてしまった。写真はその状態。

二号二型 (A5M2b)

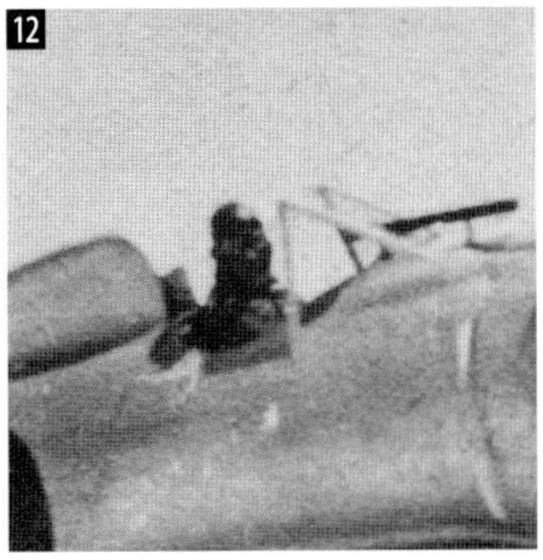

12 密閉式風防を廃止した二号二型。ただし前部固定風防は密閉風防タイプと同じ3面タイプである。
13 こちらも3面タイプの固定風防を装着した二号二型。機上は小福田租大尉。
14 変形5面タイプの風防を有した二号二型のバリエーション。高さも若干かさが上げられているようだ。
15 二号二型の後期型の固定風防は角張った5面タイプとなり、もっともポピュラーなものとして落ち着いた。
16 同じく5面タイプの固定風防を有した二号二型。前ページ写真5と比べ、風防自体のフォルムや背ビレの部分に大幅な変化が見られる。機上の人物は岡本泰蔵兵曹。
17 15空の二号二型艦戦。手前から5面タイプ、3面タイプ、5面タイプの機体が並んでいる。

四号 (A5M4)

18 19 20 四号艦戦の固定風防は上方に曲線を持ったより流線型なデザインとなっている、これがのちの零戦にもつながっていったことがうかがえる。

▲12空の新旧九六式二号艦上戦闘機二型と九六式艦上攻撃機。画面中央は開放風防の二号二型で、画面右は密閉風防撤去型の二号二型「3-104」号機（P.43下写真と同一機）である。中央左に見える九六艦攻のみ胴体下に爆装して搭乗員が乗り込み、エンジンを始動しているのでこれから発進するところと思われる。右は「3-104」号機の部分を拡大したもの。

A5Ms of 12Ku. A5M2b Canopy type“3-104” is seen in the right of the screen.

零式一号艦上戦闘機一型

昭和１５年７月、１２空は新鋭の零式一号艦上戦闘機を装備する最初の部隊となり、まずは先行量産機の１９機が供給された。これらの機体には垂直尾翼上部に「3-161」から順に「3-179」までの機番号が付与されている。写真はそのうちの１機「3-163」号機で、記念すべき昭和１５年９月１３日の初空戦で第２中隊第１小隊３番機を努めた岩井 勉２空曹が搭乗した機体。カウリング側面に設けられた排気口（三菱製作第５３６号機まで。５は秘匿上、付与された数字で、試作機からの通算３６号機）、後端までガラスとなっている後部風防に注意されたい。垂直尾翼に記入された赤帯は１２空を表す標識で、中隊長クラスの搭乗機には２本の赤帯が記入された。

12Ku became the first flight unit that equipped it with A6M2a "Zero", and 19 planes were supplied in July, 1940. The Numbers from "3-161" to "3-179" were given to these airframes. The photograph is one of the plane "3-163".Po2c Tsutomu Iwai boarded in the air combat on September 13, 1940.

断雲をついて飛行する12空の零式一号艦上戦闘機「3-182」号機。12空へは当初19機の零戦が供給されたと前記したが、これはそのあとから補充された機体で、後部固定風防後端が金属張りとなって、後部胴体とともに分解できるように改設計された三菱製作第847号機(8は秘匿上、付与された数字で、試作機からの製作通算47号機)以降の特徴を持つもの。12空の零戦は昭和15年末以降、胴体日の丸付近で前後の明度が違うものが散見されるが、これは操縦席周囲の胴体にシートをかけて駐機していたための褪色と伝えられる。手前には撮影機の左補助翼部が見えているがその操作ロッドについた流麗な涙滴状の覆いが、これまでの九六艦戦以上に空力に気をつかわれた様子をうかがうことができる。

A6M2a"3-182" of 12Ku.
It is an airframe replenished, and the rear end of a back, fixed windscreen is a metallic -lined. This is told discoloration because of the stop of the seat to the body putting it though the one that brightness in the back and forth is different by the vicinity of the rising-sun flag of the body is seen here and there as for Zero of 12Ku after the end of 1940.

The one most having taken a picture of the same airframe as last page photograph from true side. Having come to roll a red belt in the body is the end of 1940.

◀前ページ写真と同じ機体をほぼ真横から撮影したもので、零戦のスマートな側面型をよく捉えている。操縦席ヘッドレストとアンテナ支柱の間に装備されるクルシー無線機用のループアンテナは大陸で戦う12空には不要ということで装備されていない。胴体に赤い帯を巻くようになったのも昭和15年暮れからのことである。

▼漢口と思われる飛行場に駐機する12空の零戦と九六艦戦。真ん中の九六艦戦にはすでに保安塗粧が見られないので本土へ還納直前の昭和16年初頭の撮影か。遠方を新鋭の一式陸上攻撃機が離陸してゆく。

Zero and A5M4s of 12Ku from which it takes a rest in airbase that seems that Hankao. Is it taking a picture 1941? Betty that is the new bomber of I.J.N takes off from the right of the screen.

番外 陸上偵察機

▶カポックの締め帯に南部十四年式拳銃を刺した１２空の鈴木清延３空曹の後方には、陸軍から借り受け、１２空陸偵隊に所属して活躍した九七式司令部偵察機が写っている。もともと海軍の偵察任務は高速を必要とする局地偵察を重視しておらず、大陸の航空戦を戦う際に改めて高速偵察機の必要性を痛感したものであった。当初は貸与の形で使用していた本機を制式に海軍機としたのが九八式陸上偵察機であり、先年ヨーロッパ訪問飛行で有名となった朝日新聞社の神風号にあやかり、神風偵察機と呼ばれて親しまれた。

Ki-15 is reflected in PO3c Kiyonobu Suzuki and the left of 12Ku. It is C5N1and2 "Type98 Reconnaissance-plane" to have made ki-15 the surveillance plane of I.J.N.

▼九六陸攻を掩護する長距離戦闘機とするべく昭和１３年に急遽輸入されたのがセバスキー2PA複座戦闘機である。低翼単葉引き込み脚で、技術的には九六艦戦の一歩先を行くものであったが、その実、戦闘機としては２級品であり、陸偵としてしばらく使われたのちは内地へ引き上げられ、練習機や新聞社への払い下げで終わることとなる。写真で左右に見える２機がセバスキー戦闘機で、画面中央奥でカバーがかけられているのは九六艦戦(二号二型か?)である。

Seversky 2PA fighter was imported in 1938, and used with I.J.N.. Are two planes that look right and left in the photograph Seversky fighter.It is A5M(A5M2?) that the cover is put by the fighter in a central on the screen.

2. 写真で見る12空の戦歴

昭和12年7月、佐伯で編成

昭和12年7月7日に勃発した支那事変により、同月11日付けで佐伯航空隊で新編されたのが第12航空隊である。当初の定数は九五艦戦12機、九四艦爆12機、九二艦攻12機で、同じく大村空で編成された13空とともに第2聯合航空隊を編成した。写真は佐伯空で編成直後(あるいは直前)に撮影された12空の九五艦戦と搭乗員たち。前列左端、白い事業服(作業服)に1種軍帽を被っているのが佐伯義道兵曹。航空眼鏡はまだ鷲の目型になる前の旧式のもので、着こなし方のせいか、飛行服もいささか前時代的なデザインに見える。編成直後の8月7日には大連の周水子飛行場に進出し、船団護衛の任務に従事することとなる。

12Ku was founded in Saeki-Ku on July 11, 1937. Similarly, 2- Ren-ku was composed with 13Ku made from Omura-Ku. Photographs are A4N and pilots of 12Ku taken a picture of immediately after possible to be done in Saeki (Or, immediately before). It is Yoshimichi Saeki that a front rank left end and a white clothes black hats have suffered.

昭和12年9月、上海公大飛行場へ進出

▲昭和１２年８月末に一時本土に引き上げた１２空戦闘機隊は９月５日には第３艦隊（このころの第３艦隊は大陸作戦用の部隊である）に編入され、上海の公大（くんだ）基地へ進出した。しかし、装備する九五艦戦は航続力が短くて南京攻撃に赴く攻撃隊への随伴はできず、地上作戦協力と防空任務に当たった。写真はちょうどその頃のもの。２列目左から３人目に金子隆司中尉、その右に榊原喜与二大尉の顔が見える。

12Ku fighter group improved in Japan temporarily at the end on August, 1937, and advanced to Kunda airbase in Shanghai again on September 5. However, A4N was not able to participate in the Nanjing attack because the cruising capacity was short, and hit the ground operation cooperation and the air defense duty. LTJG Ryuji Kaneko and the right are LT Kiyoji Sakakibara in the third person from the left of the front rank.

▶大陸に進出に間もない頃、九五艦戦「27」号機の前で腕を組む半田亘理１空曹。

Po1c Watari Handa and A4N.

昭和12年12月、南京大校場へ進出

▲昭和12年10月から11月にかけて12空は装備機を九六艦戦に改変し、南京占領を受けて12月には南京の大校場飛行場へ前進した。写真は大校場の管制塔とエプロンに駐機する12空の九六艦戦群。同じく九六艦戦を装備する13空とともにここから南昌攻撃や漢口攻撃を実施する。

12Ku changed the equipment machine to A5M from October through November of 1937, and advanced to Daikojo airbase in Nanjing in December. The photograph is A5M crowd of the control tower and 12Ku of the base. Similarly, the attack from here to Nanchang and Hankao is executed with 13Ku equipped with A5M.

◀九六艦戦が12空に来たばかりの頃は九五艦戦時代と同様、機番号下二ケタを尾翼に記入する形式であった。写真は手前が二号一型初期型の「32」号機、奥が一号戦の「31」号機である。

These are A5M of 12Ku. This side is A5M1a"32", and the interior is A5M1"31".

地上員と搭乗割りから外れた搭乗員たちの帽振れの見送りを受けて大校場を発進する12空の九六艦戦。中央の2機は主脚の細い二号一型、左の機体は密閉風防を撤去した二号二型である(P.43上写真参照)。

A5Ms of 12Ku that receives mechanic and pilots' seeing off and starts Nanjing. In two of the centers, A5M2a and left airframe is A5M2b (Refer to the photograph on P.43).

同じく南京の大校場と思われる飛行場で野球に興じる12空の隊員たち。野球は相撲や剣道などと異なり、気軽に楽しむことのできる娯楽として海軍ではバレーボールとともに親しまれたスポーツであった。画面中央の「3-181」号機はこの当時最新鋭の二号二型で紡錘型の増槽を懸吊している。右端に見える「3-173」号機はP.34で紹介した一号戦と同一の機である。

Playing baseball before A5Ms of 12Ku. The "3-173" machine seen on a right edge is a game against the first introduces with P.34 and the same airframe.

昭和13年1月、蕪湖を利用して作戦

南昌、漢口攻撃を実施する12空は昭和13年1月以降、中間に確保された蕪湖の飛行場(Q基地と呼称された)に艦戦隊の一部を展開させた。写真はその模様を撮影したもので手前に九六艦戦が、奥には九六艦攻が駐機しているのが見える。大陸の基地は衛生状態も悪く、施設もご覧のようにテントを張ったものが多用される状況であった。

12Ku frequently uses Wuhu airbase (It was named Q airbase) since January, 1938. As for the base in a Chinese continental interior, the hygienic condition was also bad, and the tent was multiused as it is seeing as for facilities.

同じく蕪湖の飛行場を撮影した1枚。昭和13年3月22日付けで12空は13空の戦闘機隊を吸収して定数30機、2.5隊（5個分隊）編成となった。写真ではちょうどエプロンに30機あまりの九六艦戦を数えることができる。手前のバラックやテント脇に集積されたドラム缶などの資材が、慌ただしく設置された当基地の様子を物語っている。

One piece that takes a picture of Wuhu airbase similarly. 12Ku absorbed the escadrille of 13Ku and became a composition of 30 constants and 2.5 corps on March 22, 1938. A5M of the remainder can be counted in just 30 photographs.

こちらは上掲写真の右上部分を拡大したもの。一号、二号混成の九六艦戦の手前に複葉の九六艦爆が見える。その尾翼の左に見えている九六艦戦は機番号下2桁の上部に横線を記入した12空機の初期のパターンをそのまま残しているようだ。手前には日本軍には珍しいロードローラーも見える。

Here is an expansion of the upper right part in the photograph on. An unusual loading roller is seen in a Japanese army &Navy forward.

昭和13年春～夏の陣容

13空戦闘機隊の大部分を吸収して大所帯となった昭和13年春さきから初夏にかけての12空戦闘機隊の搭乗員と整備員たち。安慶での撮影と思われ、2列目左から4人目に森貢、6人目に五十嵐周正、7人目に飛行隊長の小園安名少佐が、その右には2月に分隊士として着任したばかりの周防元成中尉が見える。同列右から3人目は阿部安次郎。この当時の12空戦闘機隊は2個飛行隊編成で、写真に見える第1飛行隊の隊長が小園少佐、第2飛行隊長は“ショモハチ”の愛称で親しまれた所 茂八郎少佐が努めていた。

12Ku fighter pilot and mechanics who put it in early summer in spring of 1938. LCDR Yasuna Kozono is to the seventh person from the left of the second row , LTJG Motonari Suho is in the right.

昭和13年4月下旬～5月の漢口上空大空戦

昭和13年4月下旬、敵機群漢口集結の情報を受けた第2聯合航空隊はこれを一掃せんとして13空の九六陸攻18機と小園少佐指揮による12空の九六艦戦からなる攻撃隊を編成し、4月29日に漢口を強襲した。これは大陸における最大規模の航空戦となり、中国側のベ78機（日本側観測）の戦闘機との空戦で日本側は51機撃墜を報じ、九六陸攻2機、九六艦戦2機が未帰還となった。ついで5月31日、再び漢口上空の敵戦闘機撃滅のため出撃した混成30機の戦闘機隊は天候に阻まれ、12空の11機のみが50機と観測される敵戦闘機と戦い、20機撃墜を報じて1機を失っている。

昭和13年春、安慶での12空下士官たち。前列左から山中幸三郎（操練21）、児玉?、武藤金義（操練32）、不明、牧野 茂（操練27）、普川秀夫（操練33）、中島三教（操練29）。2列目左から高橋憲一（操練19）、安部安次郎（乙飛1）、田中 平（操練19）、森 貢（操練14）、楠次郎吉（乙飛1）、北畑三郎（操練21）、小沢寅吉（乙飛3）。3列目左から吉井?、尾関行治（操練32）、不明、戸口勇三郎（操練27）、不明、片山正三（操練21）、岡本泰蔵（操練16）、不明、岩瀬毅一（操練34）といった陣容（各位の階級省略）。このうち森、普川、田中国義は3月の改編で13空から転入してきた面々。

NCO pilots of 12Ku at Anking in spring 1938.Front row, 3rd from left; Kaneyoshi Mutoh.2nd row, 4th from left; Mitsugu Mori, 2nd from right; Saburo Kitahata.3rd row, 2nd from left;Yukiharu Ozeki.

こちらも同じ頃の12空の下士官搭乗員たち。2列目で椅子に座る左から赤松貞明（この時点で右腕に善行章を3本も付けている）、1人おいて黒岩利雄、大森茂高。3列目左から田中国義、6人目内藤、右端が今村重志の各兵曹。上掲写真に比べてややくだけた雰囲気で撮影されたもので、13空以来の仲の良いメンバーばかり。アッケラカンとした当時の搭乗員たちの雰囲気が画面からもよく伝わってくる。

Nco fighter pilots of 12Ku. Sadaaki Akamatu, unknown, Toshio Kuroiwa, and Shigetaka Omori from the left of the second row. Kuniyoshi Tanaka and the sixth person Naito and right edges are Shigemune Imamura from the left of the third row.

吉富大尉転勤記念

12Ku pilots, summer 1938. Front row, 2nd from left; Lt Hanamoto, 3rd; Lt Shigema Yoshitomi, 4th; LCDR Yasuna Kozono, 5th; Lt Tadashi Nakajima, 6th; Lt Takahide Aioi. 2nd row, 2nd from left; Toshio Kuroiwa, 7th; Kiyonobu Suzuki, 8th; Shigetaka Ohmori. 3rd row, extreme left; Tetsuzo Iwamoto.

昭和13年夏、それまで分隊長として勤務していた吉富茂馬大尉の転勤(8月27日付けで横空分隊長兼教官)にともない記念写真を撮影した12空戦闘機隊の隊員たち。前列左から2人目に花本清登大尉、右へ吉富茂馬大尉、小園安名少佐、中島 正大尉、相生高秀大尉といった戦闘機隊の名指揮官がいるほか、2列目左から2人目に黒岩利雄、7人目:鈴木清延、8人目:大森茂高、3列目左端に岩本徹三とのちにエースとして名を馳せることになる下士官たちの顔も見えている。

こちらも同じ時に撮影されたもので前列から4人目に小福田 租大尉。中央右側の2種軍装(夏服)の人物が吉富大尉(左は小林己代次か?)、右へ小園少佐、相生大尉。吉富大尉と小園少佐の間には松村百人の顔が見える。

The one taken a picture of when here is also the same, and the person of white clothes at the right of the center is a LCDR Kozono, and LT Aioi to the LT Yoshitomi and the right. There is Momoto Matumura between LT Yoshitomi and LCDR Kozono.

昭和13年秋、漢口前進

進出したばかりの漢口(W基地と呼称された)において12空の九六艦戦を背にした日本陸海軍の将校たち。前列左端には6月25日付けで分隊長として着任した小福田 租大尉がおり、後列左から4番目に小園少佐、その右にはやはり9月5日付けで分隊長となった岡本晴年大尉が見える。右後方の九六艦戦「3-181」は二号二型のようで、胴体には中隊長搭乗機を表す2本の赤帯を巻いている。漢口攻略は同年8月22日にその命令が下され、9月10日には12空戦闘機隊も九江(V基地と呼称)に進出してその作戦協力に当たった。同月29日にその第1段作戦の終了を見るとただちに12空も漢口に前進し、以後は武漢の防空や地上作戦協力に当たることとなった。

A5Ms of 12Ku & officers of Navy & Army. Front row left; LT Mitsugu Kofukuda, back row, 4th from left; LDCR Kozono, 5th from left; LT Harutoshi Okamoto.

◀漢口の飛行場に列線を敷く12空の九六艦戦群。よく見ていると一号戦、二号一型の前期と後期(背びれが高いもの)とバラエティにとんだ陣容で、画面左端の翼端だけ、あるいはカウリングのみ見えているものを含めて5機目にいる機体は密閉式風防を撤去したタイプのようだ(画面右側の一号戦「3-161」号機の奥にいる機体も同様)。

A5Ms of 12Ku of Hankao airbase.

12Ku in Autumn 1938, at Hankow airfield.Front row,5th from right; Ichiro Higashiyama.2nd row, left to right; Toshio Kuroiwa, Takeo Kurosawa, Kiyokuma Okajima, Harutoshi Okamoto, unknown, Takahide Aioi, Capt Kanae Kosaka (CO), Yasuna Kozono, Kiyoto Hanamoto, Mitsugu Kofukuda, extreme right; Mitsugu Mori.3rd row, 4th from left; Momoto Matsumura, 5th; Taira Tanaka, 6th; Tadashi Torakuma, 7th; Shigetaka Ohmori.4th row, 4th from left; Gitaro Miyazaki. 5th row, extreme left; Saburo Sakai, 3rd from left; Sagara.

▲昭和13年秋に漢口で撮影されたといわれる12空戦闘機隊員一同。前列右から5人目:東山市郎。2列目左から黒岩利雄、黒澤丈夫中尉、岡島清熊中尉、岡本晴年大尉、1人おいて相生高秀大尉、上坂香苗大佐(司令)、小園安名少佐、花本清登大尉、小福田 租大尉、右端:森 貢。3列目左から4人目:松村百人、田中 平、虎熊 正、大森茂高。4列目左から4人目:宮崎儀太郎。5列目左端:坂井三郎、3人目:相良六男、右から4人目:普川秀夫(以上、下士官兵は階級略)。黒澤、岡嶋両中尉が11月1日付けの発令で(この時点では少尉。11月15日に中尉任官)、相生大尉が12月15日に転出するので、その間に撮影されたものであろう。

１２空の九六艦戦が列線を敷いて駐機する。ほとんどの機体が二号一型で、二列目に並ぶ左から２機目と３機目が２翅プロペラの１号戦。胴体下には半円形の増槽を懸吊しているのが見える。左端の機体は鈴木清延兵曹の愛機「3-123」号機のようだ。画面右の機体だけエンジンを回しているのは出撃するのではなく整備中だから。

A5Ms of 12Ku. The second plane and the 3rd ha A5M1 from the left where arrangement of most airframes in the second row in A5M2a. The airframe in the screen left end is "3-123" like the airplane of Kiyonobu Suzuki.

同じく飛行場の片隅で列線を敷く12空の九六艦戦たち。右手前の「3-127」号機は背びれの高い二号一型後期、その左に並ぶ機体は背びれの低い二号一型前期で、その間の奥に見える機体は一号戦。二号二型より前の九六艦戦は表面にニス塗布をしていなかったといわれ、使い込まれた機体は鈍い金属色を放っている。

A5Ms of 12Ku similarly. "3-127" in front of the right hand is A5M2a-early when the dorsal fin of the airframe that queues up A5M2a that the dorsal fin is high and the left is low, and the airframe seen in the interior between those is A5M1.

漢口飛行場の管制塔はご覧のように鉄筋2階建ての立派なものでそのまま指揮所として使われた。旗竿には日章旗と吹き流しが翻っており、玄関前には士官用と思われる黒塗り（ネイビーブルー?）の乗用車の姿も。画面右端の九六艦戦「3-165」号機の機体尾部下面には通常の整流版ではなく細長いワイヤーのようなものが見えているが、その用途は不明。

Hankow airfield and a tail of 12Ku's A5M.

昭和13年12月、猛将小園安名少佐は転出し、代わって海兵で1期後輩（飛行学生では4期後輩）となる柴田武雄少佐が飛行隊長として着任した。写真は場所は不明なるもちょうどその頃の撮影と思われ、2列目中央の陸戦服が柴田少佐、その右に岡本晴年大尉、黒澤丈夫中尉が座っている。前列左から3人目は宮崎儀太郎。7人目は中島三教。

LCDR Takeo Shibata became the head of the flight unit in December, 1938. LTJG Kurosawa sits at intervals of the center of LCDR Shibata and the one person in the right of the second row. The third person from the left of the front rank is Gitaro Miyazaki.

昭和14年10月の増援

昭和14年10月24日付けで、それまで艦隊配置にあった相生大尉ら、かつての12空空中指揮官たちの一部が舞い戻ってきた。写真はその様子を端的に表したもので後列左に新分隊長 相生高秀大尉(空母「赤城」分隊長から)、右に新飛行隊長 吉富茂馬大尉(横空飛行隊長職から)がいるほか、前列中央に森 茂中尉、戸梶忠恒中尉(2人とも大村空から)といった海兵64期の若き士官たちの姿も見えている。彼らの12空への発令は母艦整備の都合と思われ、翌昭和15年1月20日付けで相生大尉と森中尉は「赤城」へ、戸梶中尉は「飛龍」へと転出する(吉富大尉は横空飛行隊長に戻る)。

12Ku executives from October 24, 1939 to January 20, 1940. It is LT Shigema Yoshitomi that the left of the rear rank is LT Takahide Aioi, and right. There are LTJG Shigeru Mori and LTJG Tadatune Tokaji in the center of the front rank.

昭和15年初頭の12空戦闘機隊員たち。2列目左から6人目:白根斐夫中尉。白根中尉は昭和14年9月1日付けで12空へ配属されている。

12Ku members at the 1940th beginning of the year. The sixth person from the left of the second row: LTJG Ayao Shirane.

同じく15年初頭の12空隊員たち。こちらは2列目左から6人目に河合四郎中尉が座っている。河合中尉は白根中尉と同じ海兵64期生。昭和14年10月5日付けで12空へ配属されている。

12Ku members at the 15th beginning of the year similarly. The sixth person from the left of the second row: LTJG Shiro Kawai.

昭和15年初夏の漢口における12空の搭乗員一同で、ちょうど零戦が到着する直前の頃のもの。前列左から不明、大島 徹(甲飛1)、大野安次郎(操練43期)、不明、坂井田五郎(操練43期)、中馬輝定(甲飛1期)、山口弘行(乙飛1期)、川端純徳(操練43期)、前田英夫(甲飛1期)、横田艶市(操練42期)、半沢行雄(乙飛5期)。2列目左から不明、杉尾茂雄(乙飛5期)、大宅秀平(操練14期)飛曹長、河合四郎中尉、兼子 正大尉、岡村基春少佐、稲葉簑暢、中島 正少佐、伊藤俊隆大尉、白根斐夫中尉。3列目左から田中行雄(乙飛6期)、川崎正男(乙飛6期)、加納 慧(乙飛6期)、徳地良尚(乙飛6期)、佐藤、吉田素綱(操練44期)、青木恭作(操練25期)、高桑虎男(?)、稲葉、角田和男(乙飛5期)、不明、佐藤康久(乙飛6期)、壇上滝夫(甲飛1期)。4列目左から岩井 勉、桜庭良碩(操練44期)、松田二郎、不明、山本 旭、岡崎虎吉(操練44期)、光増政之(乙飛5期)、不明、坂上忠治(操練44期)、不明、荻野恭一郎(操練44期)、不明、栗原 博(甲飛1期)。零戦の登場からその終焉までの戦史を彩る戦士たちの顔がずらりと並んでいる。

12Ku in 1940 at Hankow. Front row, 2nd from left; Toru Ohshima, Yasujiro Ohno, unknown, Sakaida, Chuman, Yamaguchi, Juntoku Kawabata, Maeda, Tsuyaichi Yokota, Yukio Hanzawa.2nd row, 2nd from left; Shigeo Sugio, WO Ohya, Shiro Kawai, Tadashi Kaneko, LCDR Okamura, Minonobu Inaba, Tadashi, Toshitaka Itoh, Ayao Shirane.3rd row, left to right; Yukio Tanaka, Masao Kawasaki, Ei Kanoh, Yoshinao Noriji, Satoh, Yoshida, Kyosaku Aoki, Inaba, Kazuo Tsunoda, unknown, Yasuhisa Satoh, Dannoue.4th row, left to right; Tsutomu Iwai, Sakuraba, Jiro Matsuda, unknown, Akira Yamamoto, Okazaki, Mitsumasu, unknown, Chuji Sakagami, unknown, Ogino, unknown, Kurihara.

昭和15年8月、零戦の登場

すでに零戦を供給されたあとの昭和１５年初秋の漢口における12空の搭乗員たち。２列目左から東山市郎空曹長、白根斐夫中尉、進藤三郎大尉、１人おいて長谷川喜一大佐（司令）、箕輪三九馬少佐（飛行隊長）、横山 保大尉、飯田房太大尉、山下小四郎空曹長。３列目左から２人目:中瀬正幸、４人目：岩井 勉、６人目：高塚寅一、右へ順に北畑三郎、大石英男、羽切松雄。４列目左から６人目:上平啓州、右から２人目:角田和男、右端:松田二郎。いずれも無敗零戦伝説の初幕を演じた猛者たちばかりである。なお、飯田大尉が１２空分隊長となったのは９月１３日の初空戦の翌日の１４日であり、１１月１５日付けで白根中尉は空母「鳳翔」戦闘機隊へと転出する。

12Ku in summer 1940, Hankow.2nd row, extreme left; Ichiro Higashiyama, 2nd; Ayao Shirane, Saburo Shindo, 5th from left; Capt Ki-ichi Hasegawa (CO), LCDR Mikuma Minowa, Lt Tamotsu Yokoyama, Lt Fusata Iida, Koshiro Yamashita.3rd row, 2nd from left; Masayuki Nakase, 4th from left; Tsutomu Iwai, 6th from left; Tora-ichi Takatsuka, 7th; Saburo Kitahata, 8th; Yoshio Ohki, 9th; Hideo Oh-ishi, 10th; Matsuo Hagiri.4th row; 7th from right; Keishu Kamihira, 2nf from right; Kazuo Tsunoda, extreme right; Jiro Matsuda.

昭和15年8月19日、記念すべき零戦出撃第1回目に際して、漢口において12空司令の長谷川喜一大佐の訓示を受ける隊員たち。中央右にヒゲの羽切1空曹の顔が見える。横山大尉率いる13機の零戦はここから中継基地の宜昌をへて、九六陸攻を直掩して重慶へと進攻したがこの日は敵機と会敵せず、初出撃は空振りに終わった。零戦の初空戦は周知のように9月13日になってからである。

The 1st sortie of Zero that should be commemorated-game smells and is members of kicked 12Ku on August 19, 1940.

同じく昭和15年8月から9月上旬にかけての12空零戦隊の出撃風景。飛行服を着た集団の左から3人目：大石英男2空曹、4人目：伊藤俊隆大尉、手前で背中を見せている人物の右には羽切松雄1空曹の顔が見える。羽切1空曹と大石2空曹はかつて空母「蒼龍」戦闘機隊で横山大尉の列機を努めた間柄だ。

Sortie sceneries of 12Ku Zero Fighter pilots who put it in the beginning of September in August, 1940 similarly. The third person from the left in which it puts on the flight suit: PO2c Hideo Oishi and fourth person: The face of PO1c Matuo Hakiri is seen in the right of the person who is showing his back in LT Ito and this side.

▶昭和１５年夏の漢口で将棋に興じる横山保大尉(中央)。左でソファーに前後逆向きで座るのは前年の１１月から分隊長を努める伊藤俊隆大尉だ。横山大尉が新鋭の零戦を率いて漢口へ来たのは７月下旬で、伊藤大尉は９月１４日付けで古巣である筑波空へ転出するので、この２人が一緒にファインダーに収まることができたのはわずか１ケ月あまりの間のことだ。

Debriefing after 4 October 1940 mission.Receiving is Vice Admiral Shigetaro Shima (facing to pilots, OC, China Area Fleet).Pilots in front row, left to right; Lt Tamotsu Yokoyama, PO1c Matsuo Hagiri, WO Ichiro Higashiyama, Lt Saburo Shindo, PO1c Saburo Kitahata, LtJG Ayao Shirane.

▲昭和１５年１０月４日、成都攻撃からの帰投後に支那方面艦隊司令長官嶋田繁太郎中将(左側で３種軍装でいる人物)への報告を行なう１２空の隊員たち。画面右に並ぶ搭乗員の前列左から横山 保大尉、羽切松雄１空曹、東山市郎空曹長、進藤三郎大尉、白根斐夫中尉。白根中尉の後ろは大石英男２空曹。この日、成都近郊の大平寺飛行場上空で約３０機の敵戦闘機と交戦した１２空の零戦８機はそのうち６機の撃墜、２３機の撃破を報じ、全機帰還を果たしている。このうち東山空曹長、羽切１空曹、大石１空曹、中瀬１空曹の４機は敵地である大平寺飛行場に着陸し、エプロンに駐機する敵機を放火してのける離れ業を演じ、羽切１空曹は離陸してのちさらに２機の敵機を撃墜している。

昭和15年末から翌16年初めにかけて、中国大陸上空を飛ぶ零式一号艦上戦闘機「3-175」号機。前年9月13日の第1回空中戦では白根斐夫中尉が本機に搭乗した。後部固定風防後端の様子からもわかるように本機は最初に12空にやってきた機体だが、このころから順次、後期生産型も供給されるようになっている。胴体に巻いた赤帯も15年末頃から追加されたもの。昭和15年11月15日の改編により中支には12空の艦上機隊だけが残ることとなったが、12月30日に零戦12機で実施した成都攻撃では地上撃破33機を、翌16年3月14日に再度行なわれた成都攻撃の際には撃墜7機、地上撃破27機という大戦果を報じている。いずれも損害は皆無であった。

A6M2a Zero "3-175" that flies over the sky over China and of 1940 and early 1941. LTJG Ayao Shirane took this machine in the aircombat on September 13, 1940. The one that red belt rolled in body was added at about the end of 15 years.

昭和16年春の陣容

昭和１６年４月１０日付けの異動で横山 保大尉が転出し、１２空は新体制となった。写真はちょうどその頃、中支方面の海軍部隊幹部とともにファインダーに納まった１２空の士官搭乗員たち。最後列左端から向井一郎大尉、４人目:佐藤正夫大尉、５人目:鈴木 実大尉。３人とも横山大尉と入れ替わりで１２空へやってきた。

Executive of I.J.N and officers of 12Ku in spring of 1941 . Left end LT Ichiro Mukai and the fourth third row person: LT Masao Sato and the fifth person: LT Minoru Suzuki.

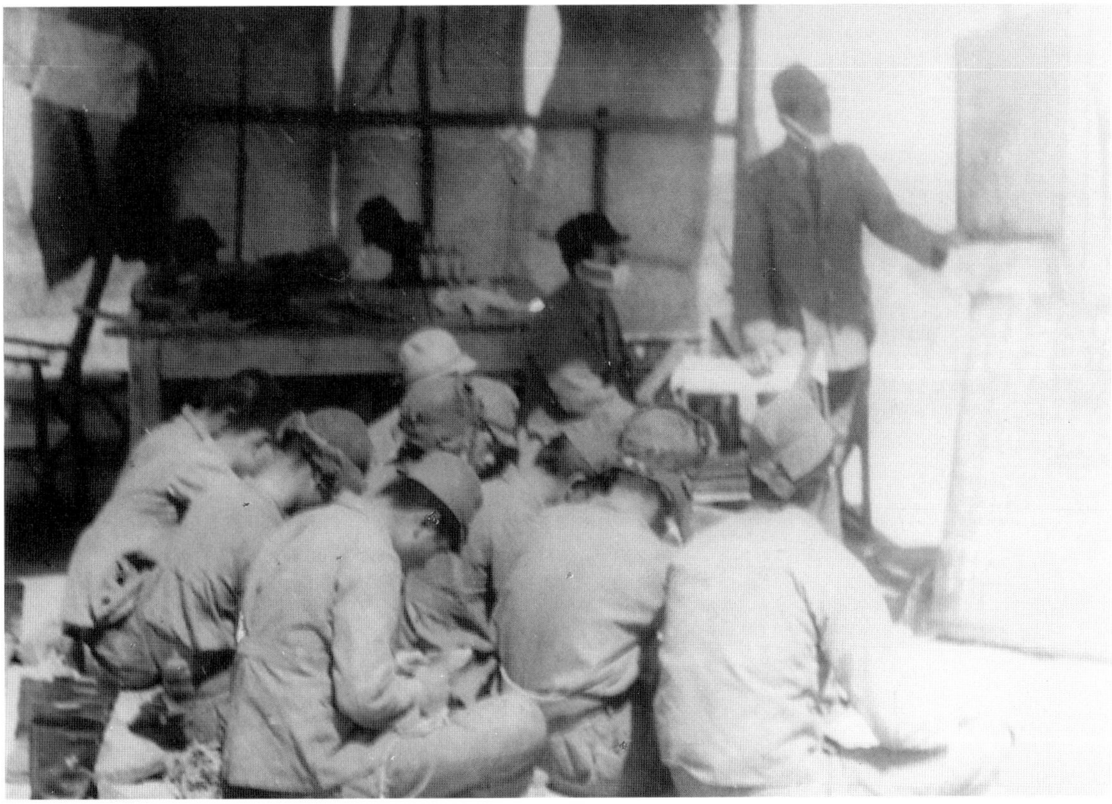

昭和16年5月の601号作戦の頃、天幕を張った簡単な指揮所で打ち合わせを行なう12空の搭乗員たち。配られた資料にしげしげと見入っているさまが興味深い。天候回復期に入り、戦力再建されつつある中国空軍兵力を一掃することが601号作戦の目的であった。右側上の黒板には作戦空域の地図が、下の大きな黒板には搭乗割が書かれているようだ。中央に座る士官と説明者がマスクをしているのはホコリっぽい大陸の基地ならではか。

Pilots of 12Ku for which it makes arrangements in field headquarters of tent at about Tensui Mission.

601号作戦の第1次作戦の一環として昭和16年5月26日に行なわれた南鄭攻撃に出撃する12空戦闘機隊員たち。最前列左端に鈴木 実大尉の姿が見える。山西省運城（15基地と呼称）に前進、出撃した9機の12空零戦隊は天水飛行場上空において20機あまりの敵機と交戦し、そのうち5機を撃墜、陸攻隊との協同により地上撃破18機を報じている。

12Ku pilots make a sortie to Tensui Mission on May 26, 1941. There is LT Minoru Suzuki in the foremost row left end.

昭和16年5月26日、日本軍の攻撃を受けて天水飛行場で炎上する中国空軍機。列線を敷いたまま、一撃のもとに破壊された様子がわかる。攻撃に参加した大石英男1空曹が零戦の機上から撮影したもの。

Chinese air force plane that receives attack of the I.J.N on May 26, 1941 and blazes up by Tensui Airbase. Photograph that PO1c Oishi that participated in attack took from cockpit of Zero.

昭和16年の12空戦闘機隊。前列左から中瀬正幸、3人目：宮野善治郎中尉、鈴木 実大尉。後列左端：中仮屋國盛。宮野中尉は同年4月10日付けで12空付きとなった。12空の後身である第3航空隊が9月に編成された際には分隊長としてその立ち上げに尽力する。

12Ku fighter pilots in 1941. Front row, extreme left; Masayuki Nakase, 3rd from left; Zenjiro Miyano, 2nd from right; Lt Minoru Suzuki. Back row, extreme left; Kunimori Nakakariya.

昭和16年夏の陣容

▲昭和16年初夏の12空の搭乗員一同。前列左から4人目：石井静夫、右端：宮崎儀太郎。2列目左から2人目：佐藤正夫大尉、3人目：鈴木 実大尉、右端：向井一郎大尉。3列目左から2人目：大石英男、羽切松雄。4列目左から3人目：中瀬正幸、7人目：中仮屋国盛、10人目：杉尾茂雄。鈴木大尉と佐藤大尉、向井大尉はそれぞれ4月10日付けで12空分隊長に補されたばかりで、下士官のメンバーも若干入れ替わっている。

12Ku in 1941.Front row, 4th from left; Shizuo Ishii, extreme right; Gitaro Miyazaki.2nd row, 2nd from left; Masao Satoh, 3rd; Minoru Suzuki, extreme right; Ichiro Mukai.3rd row, 2nd from left; Hideo Oh-ishi, 3rd; Matso Hagiri.4th row, 3rd from left; Masayuki Nakase, 7th from left; Kunimori Nakakariya,3rd from right; Shigeo Sugio.

◀昭和16年の春先、零戦「3-138」号機の尾翼前に立つ中仮屋国盛兵曹。垂直尾翼前縁には2個の撃墜マークが記入されている。

Two score marks are written in Zero"3-138" and Kunimori Nakakariya, in the spring of 1941.

零式一号艦上戦闘機「3-112」号機を背にファインダーに納まった12空の幹部たち。前列左から山下丈二中尉、1人おいて向井一郎大尉。後列左から塚本祐造中尉、飛行隊長花本清登少佐、司令 内田市太郎大佐、鈴木 実大尉。垂直安定板部分に書かれた撃墜マークは28個だが、これは12空全体での部隊戦果を表すもの。花本少佐と塚本中尉が12空に発令されたのは8月2日付けのことなので、9月15日に12空が解隊されるまでの1ケ月ほどの間に撮影されたものだ（あるいはその記念として?)。これが昭和12年7月7日に編成されて以来、4年あまりにわたって中国大陸で戦い続けた12空の最後を飾った将星たちである。

Officers of Zero"3-112" and 12Ku. LT Ichiro Mukai at intervals of the left of LTJG Takeji Yamashita and one person of the front rank. LTJG Yuzo Tukamoto, LCDR Kiyoto Hanamoto, CAP Ichitaro Uchida, and LT Minoru Suzuki from the left of rear rank. 28 score marks are written in the vertical tail of Zero.

撮影機を含めて６機の梯形陣で飛行する１２空の零戦。一番奥の機体は分隊長の鈴木 実大尉の搭乗機で胴体に２本の赤帯を巻いている。手前から２機目の機体は垂直尾翼に２本の赤帯を記入しており（それ以外の機体は黄色）小隊長クラスが搭乗する機体。この帯の色で各分隊を区別していた。大陸での航空戦は、昭和１６年９月に零戦の無敗伝説をもってその幕を閉じた。

Zero of 12Ku that flies by six planes including airplane of which it takes a picture. The airframe in the interior controls by LT Suzuki, and has rolled two red belts in bodies most.

12空歴代分隊長在職期間表

12空戦闘機隊の歴代分隊長ならびに海兵出身分隊士。ただし全員ではないことをお断りしておく。

		分隊長													分隊士												
氏名		吉富 茂馬	中島 正	相生 高秀	小福田 租	岡本 晴年	兼子 正	伊藤 俊隆	進藤 三郎	横山 保	飯田 房太	鈴木 実	向井 一郎	佐藤 正夫	周防 元成	志賀 淑雄	小福田 租	岡嶋 清熊	黒澤 丈夫	白根 斐夫	森 茂	戸梶 忠恒	小林 実	鈴木 実	宮野 善治郎	山下 丈二	塚本 祐造
海兵期		55	58	59	59	60	60	60	61	59	62	60	63	63	62	62	59	63	63	64	64	64	64	60	65	66	66
昭和13年	3	3/22	3/22	3/22											(2/15)	3/22											
	4																										
	5																										
	6				6/25												6/6～										
	7														7/15		※6/25 分隊長										
	8	8/27														8/15											
	9		9/5			9/5																					
	10																										
	11																	11/1	11/1								
	12			12/15																							
昭和14年	1																										
	2																										
	3																										
	4						4/1																				
	5																										
	6																										
	7																										
	8																										
	9																		9/5	9/1							
	10		10/15	10/24																	10/24	10/24	10/24				
	11				11/15	11/1		11/1										11/1									
	12																										
昭和15年	1			1/20																	1/20	1/20	1/20				
	2																										
	3																										
	4																										
	5						5/1		5/1																		
	6																										
	7		7/15							7/15																	
	8																										
	9							9/14			9/14																
	10																										
	11								11/1		11/15									11/15							
	12																										
昭和16年	1																										
	2																										
	3																										
	4									4/10		4/10	4/10	4/10										4/1	4/10	4/10	
	5																							※4/10 分隊長			
	6																										
	7																										
	8																										8/2
	9											9/15	9/1	9/10											9/1	9/1	9/15

第3章

Chapter 3：The 14th Flying Group Fighter Squadron "14Ku"

第14航空隊

第12航空隊にやや遅れて昭和13年4月に編成され、その後も長い期間、中国大陸での航空戦を戦ったのが第14航空隊である。九六式四号艦上戦闘機をもって主に南支作戦を担当した14空は昭和15年9月、12空に続き新鋭の零式艦上戦闘機を供給されて日米開戦直前の最後の大陸航空戦を担当した。本章では南支作戦を中心とした14空の活躍の様子を紹介する。

14Ku was organized in April, 1938, and fought in a Chinese continent. 14Ku took charge of the strategy in a Chinese southern part with A5M. New fighter Zero was supplied in September, 1940.
This chapter introduces the strategy in south cina of 14Ku.

昭和14年1月、九六艦戦を背に記念写真に納まった14空戦闘機分隊搭乗員と整備員の一同。中央の折り畳み椅子に座る左が分隊長の新郷英城大尉。新郷大尉をのぞき、飛行服を着た搭乗員は左側の9名しか見えないが、当時の14空の戦闘機定数は12機であった。

The 14Ku fighter pilots and mechanics who were satisfied in A5M and souvenir picture in January, 1939. The central left is LT Hideki Shingo.

南支方面作戦

昭和13年4月6日付けで鹿屋で新編された14空は艦戦1隊、艦爆0.5隊、艦攻1.5隊を定数とする部隊で、6月4日にはその第1陣が華南の三灶島に進出、早速南支方面の作戦に従事することとなった。写真は同年9月に新郷英城大尉が分隊長として着任したばかりの頃、出撃に際し打ち合わせをする14空戦闘機隊員たちで、左端に背を向けて立つ人物が新郷大尉。画面中央には複葉の九六式艦上爆撃機の、左奥には九六艦戦の列線が見えている。

14Ku was organized on April 6, 1938. It advanced to Sanzao Dao in May, and it participated in the strategy in south cina. Photographs are the fighter pilots of 14Ku on Autumn, 1938. The person in the left end is LT Hideki Shingo.

こちらは昭和14年春頃、引き続き南支作戦に参加中の14空戦闘機隊員たち。右端で説明をしているのが新郷大尉。後方の右から2番目の九六艦戦の尾翼には「9-151」の機番号が読み取れる。手前で背を向ける人物は第3種軍装と呼ばれる前に"陸戦服"として親しまれた緑色の軍服に、"蒋介石バンド"と呼ばれた陸戦隊刀帯を着用している。

14Ku fighter pilots of about spring of 1939. The person in the right end is LT Shingo. As for rear A5Ms, "9-151" can be read in the tail of the second from the right.

14空根拠基地 海口

昭和14年2月に海南島攻略作戦が行なわれ、9日に海口など同島北部を、14日に三亜ほか南部地域を上陸占領することに成功した日本陸海軍は海口に飛行場を整備、3月末には潿州島(いしゅうとう)からここへ14空の艦戦・陸攻両隊が進出した。以後、昭和16年9月に解隊されるまでの間、海口は14空の根拠基地として愛用されることとなる。

A5M2s of 14Ku at Haiko in 1939. The Haiko air base was used as the main base of 14Ku until 1941.

14空と初期の南支作戦

昭和13年12月10日、南支方面の航空作戦部隊として14空、16空(水上機)、「神川丸」などを指揮下におく第3聯合航空隊が新編され、当初は「第6基地航空部隊」と称していたが、昭和14年1月1日付けでこれが「南支航空部隊」と呼称されることとなった。同時に14空からは艦爆隊と艦攻隊が削除され、代わって九六式陸上攻撃機を装備する陸攻隊が追加された。

機密第6基地部隊命令作第1号(昭和13年12月15日)によるその主な任務は中攻全機、艦戦半隊を三灶島に、艦戦半隊を白雲基地(広東)に配備して北緯28度線以南の敵航空兵力の撃滅、敵軍事施設や交通線の撃破を図るとともに基地上空及び味方艦船の防空にあたるというもの。

昭和14年2月1日にトンキン湾に浮かぶ潿州島に航空基地(第11基地と呼称)が完成すると即日14空の九六艦戦3機がここへ進出している。入佐俊家少佐の指揮する陸攻隊は3月29日に海南島海口にでき上がった新基地(第7航空基地と呼称)に進出、ここから崑明爆撃を実施したのち漢口(W基地と呼称)に前進し6月中旬まで重慶及び成都方面の作戦に従事したが、この間、航続力の関係で爆撃行に随伴できない艦戦隊は引き続き海南島部隊の防空の任にあった。

昭和１４年（１９３９年）８月、海口において１４空の九六艦戦が列線を離れ離陸点へとタキシングしていく。ほとんどの機体は開放式風防となった二号二型（あるいは四号）のようだ。この頃の１４空艦戦隊の任務は地上作戦協力が主なものであり、空戦の機会はなかなか訪れなかった。

A5Ms of 14Ku that starts Haikow Airbase in August, 1939. There was recently no chance of the air combat.

昭和14年秋の陣容

昭和14年11月の改編で14空はその定数を艦戦18機、艦爆9機と定められた。写真はちょうどその頃から翌15年春先までの14空将校団で、前列右に座るのが司令の野元為輝大佐。後列左端：周防元成大尉（分隊長、11月15日進級）、3人目：小福田租大尉（分隊長）、5人目：五十嵐周正大尉（飛行隊長）。新郷大尉は11月15日付けで霞ヶ浦空教官に転出しており、ここにはいない。

Officers of 14Ku. Standing, extreme left; Motonari Suho, 3rd from left; Mitsugu Kofukuda, 5th from left; Chikamasa Igarashi.Front row, right; Capt Tameteru Nomoto(CO).

幕舎前に海軍特有の折り畳み椅子を並べて飛行作業を見守る14空の幹部連。左から2番目が五十嵐少佐。後方には本格的な管制塔が見えているが、海軍航空隊における飛行作業ではこうした建家を使用しないのが一般的であった。

Official family of 14Ku that displays peculiar fold chair to naval forces in front of tent and watches flight work. The second from the left is LCDR Igarashi.

14空の95艦戦と96艦戦

昭和14年12月下旬、14空は南寧に進出し12空戦闘機隊とともに中国空軍機を相手の本格的な航空戦を展開した。写真はこの頃の14空の主装備機である九六式四号艦上戦闘機「9-151」号機で、分隊長 周防元成大尉の愛機。胴体の白帯は外戦部隊標識で、その前後に赤帯2本を付け分隊長機を表している。尾翼に2本の白い横帯が入るのがこのころの14空機の特徴。

A5M4 of 14Ku mounted by Lt Motonari Suho. The white belt is put up to the body, and two white horizontal belts are written in the tail.

潿州島における14空の九五式艦上戦闘機「9-195」号機。本機は九六艦戦の登場後も長らくその機数を補うための補助機材として使用されたが、航続距離も短くまた敵戦闘機とわたりあうにはいささか性能不足で、もっぱら地上作戦協力に従事した。ここでも主翼下に小型爆弾架を装着している様子が見てとれる。

A4N of 14Ku. A small weapon rack is installed under the main wing.

昭和14年11月24日～12月27日、潿州島進出

昭和14年11月中旬に始まった陸軍部隊南寧攻略作戦の航空支援のため海軍部隊は南寧に向け進攻作戦を行なった。写真はその作戦のさなか、潿州島において給油準備中の14空の九六式四号艦戦「9-111」号機。潿州島は海南島の北西に位置する小島で、南支攻撃の中継地としてたびたび仕様された。

Fueling A5M4 at Weizhoudao during 24 November 1939~27 December 1939.

昭和14年12月27日、南寧進出

12月5日に南寧を攻略した日本陸軍に対し、中国蒋介石軍は12月17日以降、大兵力をもって同地の奪回作戦に乗り出し19日には南寧近郊にまで迫ってきた。海軍航空部隊は陸軍部隊に対する1週間にわたる航空支援を行ない、その結果、同所を確保することに成功し、同月27日、14空はここ南寧基地（第12基地と呼称）へ進出して、さらなる中国奥地への進攻作戦に従事することとなる。写真は南寧進出後の14空の九六艦戦。すでにお馴染みとなった紡錘型の金属製増槽を懸吊している。

14Ku moved to Nanning in a Chinese southern part on December 27, 1939. The Nanning Air base was called the 12th base by I.J.N. The photograph is A5M4 of 14Ku in Nanning. It is done that the drop tank of the spindle type is hung.

前写真と同じく南寧において列線を敷いて待機する14空の九六艦戦群を指揮所の天幕から臨む。右手前から「9-166」、「9-168」、「9-170」、「9-167」、「9-163」の順で並んでおり、このうち「9-166」は垂直尾翼の機番号下に書かれた文字から報國号であることがわかる。

At Nanning. A5Ms of 14Ku are waiting on the ground from 27 December 1939~.

こちらも14年末からの南寧進出時と稲野菊一氏のアルバムには説明があったが、機体の状況から若干撮影時期に差異が見られるようだ。南寧に進出した14空戦闘機隊は12月30日に13機をもって柳州飛行場攻撃を実施して22機撃墜を報じ、さらに翌15年1月10日には14機が12空、15空とともに桂林飛行場攻撃に向かい、協同撃墜14機を報じる活躍を見せた。

At Nanning. A5Ms of 14Ku are waiting on the ground from 27 December 1939~. However, it seems that there is a difference from the appearance of the airframe at the taking a picture time of the photograph.

昭和15年5月～9月、孝感派遣

昭和15年5月、孝感に進出した14空中支派遣隊の九六艦戦。右手前の「9-151」号機はP.89で紹介した周防元成大尉機。奥へ並ぶ「9-159」ほかの機体も垂直尾翼の機番号上部に2本の白帯を記入しており、長機標識は胴体の赤帯であることがわかる。

A5M4s of 14Ku that advances to Xiaogan in May, 1940. The "9-151" in front of the right hand is a LT Suho's machine that introduced it with P.89. Two white belts are filled in on the upper part of the tail of the No..

14空と「101号作戦」

昭和15年5月、中国大陸の天候回復を見た日本海軍支那方面艦隊は「101号作戦」と呼ばれる戦略的航空作戦を実施した。その主な目的は重慶政府の降伏であり、5月17日から9月5日までに及ぶ長期作戦であった。

その作戦方針は

1.作戦開始の劈頭、まず敵爆撃機の基地を攻撃し敵進攻の気勢をくじく。

2.第1期作戦においては敵戦闘機を重慶方面において撃滅、同方面の制空権を獲得したのち、政治軍事期間を徹底的に破壊する。

第1期作戦の戦果を充分に収めたのち第2期作戦に転じ同一要領の作戦を成都方面に実施する。

というものである。

これにより南支方面に展開していた14空も艦戦9機、補用3機からなる中支派遣隊を編成、同じ3聯空の15空(陸攻隊)とともに昭和15年5月19日に孝感基地(第14基地と呼称)に進出し、漢口のW基地に展開する13空(陸攻隊)、12空(艦戦・艦爆・艦攻の各隊からなる)と第2聯合航空隊を構成して戦うこととなった。

前ページと同様、孝感の掩体に駐機する14空の九六艦戦で、手前から「9-139」、「9-137」（P.124参照）、奥へ「9-158」（P.122参照）号機と続いており、土嚢を積み上げて急造された掩体の様子もよくわかる。左遠方に見える2枚尾翼は九六式陸上攻撃機。

A5M4s of 14Ku that stands by to the bunker of Xiaogan as well as last page.

101号作戦に参加中の14空の九六艦戦「9-135」号機。わかりづらいが右主翼の下に整備員が集まって作業中のようで、主翼前に見える階段状の作業台も興味深い。

A5M4 of 14Ku "9-135" is maintained in the called “101-Go Operation”. The maintenance staff is working under a right wing. The step to have shape of the stairs is seen in front of the main wing.

掩体で翼を休めるこの九六艦戦は、機番号は不詳ながら「9-158」号機などと同様、胴体に赤帯１本の小隊長標識を巻いており、前から白、赤、白、赤とカラフルだ。垂直尾翼前縁で切れた保安塗粧の塗り分けに、ほかの機体とはまた違った特徴を見せている。

A5M4 of 14Ku stands by in the bunker. A white sign of the head of the platoon has been rolled in the body.

掩体から半分頭を出して駐機する14空の九六艦戦群で、左端の機体は分隊長標識を付けた周防元成大尉の愛機「9-151」号機。ちょうどP.93の列線を前方から写したものである。操縦席部分の胴体には防塵対策かシートがかけられている。

A5M4s of 14Ku that stands by to bunker. The airframe in the left end is a love machine of LT Suho "9-151". It might be the one that the photograph of P.93 was taken forward.

孝感における14空の九六艦戦「9-139」号機。P.95左上の写真一番手前の機体と同一機で、こうして後方より眺めると本機の特徴的な背びれは非常に幅が薄く、後方視界を大きく確保していることがわかる。主翼のフラップ部上面に記入された「ノルナ」のコーションに注意。前方に燃料車にまたがったとおぼしき整備員が見えるので、これから給油を行なうところだろうか。

A5M4"9-139" of 14Ku under refueling. It is written, " ノ "No-" ル "ru-" ナ "na on the wing upper surface. "No-ru-na" mean “Do not get on” by Japanese.

昭和15年9月、14空に零戦登場

12空に続き新鋭の零式艦上戦闘機を装備することになった14空は10月7日には北部仏印のジャラム基地に進出して昆明空襲の陸攻隊直掩に参加することとなった。写真はその作戦から帰還したところといわれるが、増槽を付けたまま空戦を行なったとは考えにくく、ジャラム基地に進出したときの模様とも考えられる。画面左端の機体には分隊長の周防大尉が搭乗している。

A6M1s of 14Ku just returned from the attack on Kunming, October 7th, 1940. LT Suho boards the Zero in the left end.

14空の零戦改変

昭和15年9月、零式艦上戦闘機を供給されることとなった14空は、すでに漢口にあった周防分隊長や高林菊一（のちの稲野菊一氏）中尉ら中支派遣隊に、小福田分隊長らの本隊の搭乗員を海口から合流させ、12空の協力を得て零戦の操訓を実施し、早くも9月28日には零戦9機をもって海口に帰投した。

その旅荷を解く間もない10月初めに仏領インドシナのハノイ近郊、ジャラム基地に進出した小福田分隊長率いる14空零戦隊は10月7日に九八陸偵に誘導され7機が出撃、海口からの15空陸攻隊に先行して昆明に向かった。

邀撃してきた中国空軍戦闘機は倍の15機であったが、14空はそのうち14機撃墜を報じる一方的な展開を演じ、さらに機銃掃射で4機を撃破、全機が帰投することに成功している。

この功績により昭和15年10月30日付けで14空に部隊感状が授与された。

昭和15年秋、仏印上空をがっちりとした梯形編隊を組んで飛行する14空の零式一号艦上戦闘機。手前の「9-182」号機には小福田分隊長が搭乗しているという。また、この機体は後部固定風防の形状が変更されたのちの製造機(昭和15年10以降)であることがわかる。

Zeros of 14Ku that fly the sky over french territory Indo-China in autumn of 1940. "9-182" in this side is LT Kofukuda's machine.

海南島点描

海口基地において列線を敷く１４空の九六式四号艦戦たち。手前から３機目の機首部には整備員が集まって作業中。海口は１４空の根拠として長らく使用されたが、大陸に点在する航空基地に比べ気候も温暖、衛生上も恵まれた基地であり、１４空が解隊されたのちも中国沿岸を警戒する部隊などで活用された。

A5M4s of 14Ku at Haiko. Haiko was used as a base of 14Ku. long period The climate was good and sanitary had been clemently given.

昭和15年1月20日、14空戦闘機隊は南寧作戦を終えて海口に帰還した。写真はちょうどその頃、海南島周辺空域で上空哨戒に従事する九六式四号艦上戦闘機「9-139」号機。基地航空隊には無縁な胴体下後方の着艦フックが撤去されている様子がわかる。

14Ku was moving to Haiko on 20 January 1940. This A5M4 was engaging in patrol. Note lack of tailhook was removed.

A5M4 and A4N of 14Ku in Hainan. The shooting target is installed under the main wing of this A4N.

▲仲良く並んだ新旧2種の日本海軍艦上戦闘機、九六艦戦と九五艦戦。さすがに複葉、鋼管羽布張りで2翅プロペラの九五艦戦は古めかしいイメージが拭えない。主翼下面の爆弾架に懸吊されているのは曳航式の射撃標的を入れた筒で、それぞれ尾脚部に向かってワイヤーが伸びているのが見てとれる。もっぱら訓練補助機材として使用されたようだ。

A5M4s of three planes that takes off from Hainan. The formation takes off is a I.J.N's custom.

▶海口を離陸にかかる14空九六艦戦の3機小隊。このくさび形の隊形のまま編隊離陸するのが日本海軍航空部隊の慣例だ。これは艦爆であっても陸攻であっても変わらない。上空にぱっかりと浮かぶ雲がのどかな雰囲気に輪をかけている。

◀昭和15年10月3日、4日の両日、14空は海口から雷州半島作戦に爆撃で協力した。写真はその時のもので、3人掛かりで右主翼下に3番陸用爆弾を装着しているところ。大型爆弾と違って6番以下の小型爆弾はこうして人力で搭載しなければならず、骨の折れる作業であった。主脚カバー上部に記入された「103」に注意。

On 3 & 4 October 1940 14Ku engaged in bombing to cooperate Raishu Archperago Operation from Haiko. Note "103" filled in on the upper part of the main leg cover .

▶昭和15年秋、入道雲を背景に列線を敷く14空の九六艦戦たち。このころすでに装備機材は新鋭の零戦に変わりつつあり、主力部隊は北部仏印ハノイ近郊のジャラム基地に進出して援蒋ルート遮断作戦に従事していた。

A5Ms of 14Ku on Hainan Tao in late 1940.

昭和15年11月3日、九六艦戦内地へ帰還

昭和15年11月3日、旧機材の九六式四号艦戦と、それまでに14空にいた隊員たちは内地へ帰還することとなった。写真はその当日の模様を撮影したもので、左手前の機体は「9-101」とこれまで見てきたなかにはない番号を付与されていることがわかる。すでに11月1日付けで小福田分隊長は空技廠飛行実験部員として発令されており、同日付けで12空から進藤三郎大尉が新分隊長に発令、さらに周防分隊長も11月15日付けで元山空分隊長として転出する。新旧機材、隊員が全面的に交代する瞬間である。

As Zeros acted the main stay of 14Ku,
on 3 November 1940, old plane“A5Ms” of 14Ku go
back to homeland.

同じく昭和15年11月3日、地上員たちの帽振れの見送りを受けて海口を発進する九六式四号艦戦。各機が弓なりになって離陸点へと移動していくところ。14空で長らく小隊長として戦った稲野(旧姓 高林)菊一氏のアルバムには「昭和15年11月3日、96戦内地に凱旋す。サラバ、アトハ確りヤルゾ」と説明書きが添えられていた。なお、高林中尉は昭和15年11月15日付けで空母「蒼龍」乗組みとなっている。

On 3 November 1940 A5M4s went back to homeland.

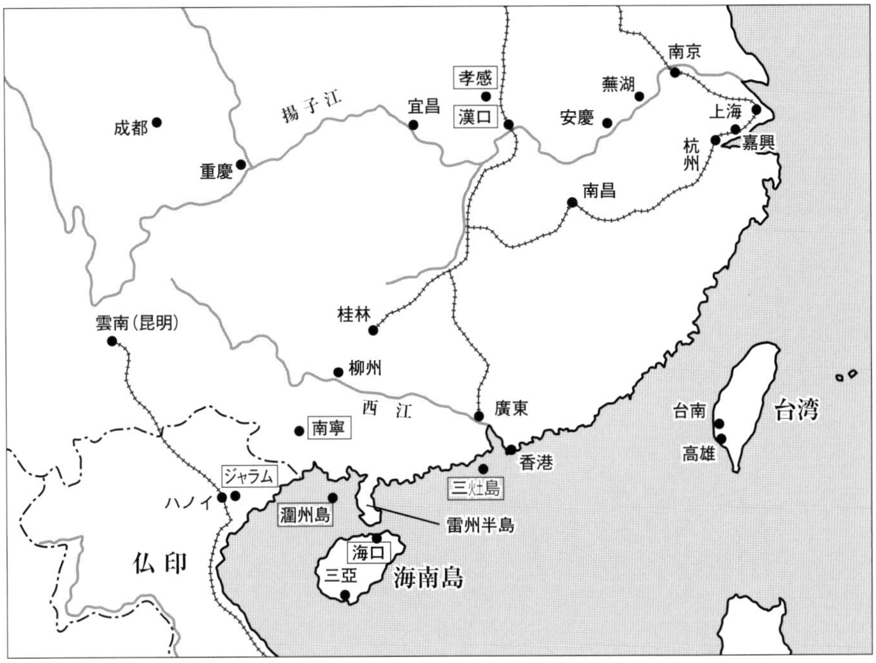

14空関連地図

※□で囲ってある地名が14空が主に使用した基地(地図/宮永忠将)

昭和１６年春頃、ジャラム基地で零式一号艦上戦闘機一型を背に記念写真に納まった１４空の搭乗員たち。2列目中央が分隊長の向井一郎大尉。前列左から２人目に増山正男、３列目左から２人目に小林勝太郎といった下士官の顔が見える。昭和１３年４月に編成された１４空は昭和１６年9月15日付けで解隊され、その栄光の歴史に幕を閉じた。しかしそれは、新たな戦いの序曲に過ぎなかったのである。

Pilots of 14Ku stored in photograph with Zero in Jaramu airbase in about spring of 1941. The center of the second row is LT Chiro Mukail . NPO named Katsutaro Kobayashi face looks in the second person from the left of the front rank like the second person from the left of Masao Masuyama and the third row. 14Ku dissolved September 15, 1941.

第4章

Chapter 4：Hokoku Go

報國號

Hokoku Go of the Japanese imperial navy was produced by the donation from the individual, the enterprise, and the group, etc. This chapter introduces from AIN to A5M.

日本海軍の報國号は、日本陸軍の愛国号と同様、個人や企業、団体などからの醵金により製作されたいわゆる献納機と呼ばれるものである。献納者や海軍関係者が立ち会うなか、盛大な献納式を挙行されて各部隊へ送り出されたこれら各機はまた、カラフルな塗装で目をひくものがある。

本章では九〇艦戦から九六艦戦にいたるまでの報國号を紹介する。

編隊を組んで飛行する九六式二号艦上戦闘機二型「報國-132 レート號」(P.116参照)。主翼上面に書かれた文字からもわかるように手前の機体も報國号である。「國」の字の中に見えている丸い○は燃料の給油口。

The Hokoku Go No.132 “LAIT Go ”of A5M2b is fling. This airframe belongs to the 12Ku.

報國號の塗粧変遷

日本海軍機の「報國號」（以下「号」の字を用いる）は、あらかじめ予算立てされた会計予算によって製作されたものではなく、個人や団体からの献金によって製作された海軍機をさす名称で、陸軍でいうところの「愛国号」と同義語である。

献金主は企業や同業者団体などのほか、名士や富裕層が個人で献金するケースも見られ、金額に応じて戦闘機だけでなく艦爆や艦攻、水上機といった機種、あるいは中攻などの大型機までもが製作された。

こうしてでき上がった報國号は機体にその献金順に番号が付与、大書されるだけでなく、献金者の名前が誇らしげに胴体と垂直尾翼に記入され、海軍関係者と献納者、ならびにその関係者などが招待されておごそかに神式の献納式が執り行なわれ、献納機をモチーフにした記念品の絵はがきが配布されるなどして広く一般にも周知された。

なお、報國号の番号は献金順に付与と書いたがこれはいわゆる受付順であり、完成した順番ではない。“連番ではない報國号”が同一日時で献納式を執りなっているのはこのような理由からである。

昭和7年に初めて報國号が製作された時には胴体と垂直尾翼、ならびに主翼上下面に黒字で報國号番号と報國号名が記入されていたが、昭和8年6月に海軍機の尾翼に赤い保安塗粧を施すことが定められると垂直尾翼の文字は白で記入されるようになった。

ただし、この頃の海軍機は垂直尾翼だけでなく胴体日の丸後部にも部隊名と機番号を記入していたため、これらの機番号が記入された下にも小さく報國号番号・名が書き入れられていた。のち胴体の機番号記入が廃止されると、胴体にそのまま報國号番号・名が大書きされたまま残されるようになっている。

さらに昭和15年頃になると“部隊へ配備されたあとに結局消される”垂直尾翼への報國号番号・名の記入は廃止され、赤い保安塗粧が施されるまま献納式へ臨んでいる光景が見られるようになった。

▶12空にやってきた九六式艦上戦闘機（二号二型あるいは四号）。報國号番号・名ともよく読めないが、尾翼の保安塗粧がすでに廃止されているのが読み取れる。

報國7

【学生號】

◀▼九〇式艦上戦闘機一型で献納者は「全国実業学校生徒職員」、昭和7年9月13日に横須賀で献納式が行なわれた。胴体と尾翼の「報國-7」は黒字で記入されており、間のハイフンが下付きになっているのが特徴といえる。「⿰号帝」は号の旧字だが、通常使う「號」とは違うのにも注意。

The Hokoku Go No.7 of A1N1, The name is Gaku-sei Go. Gaku-sei means student.

報國13

【第１三谷號】

こちらも九〇式艦上戦闘機一型で、機体には「三谷号」とのみ書かれているが、この写真絵はがきには「第１三谷號」と記載されている。これは本機が同一の人物によって献納された６機のうちの１機であるためで文字がとぎれとぎれになっているのは専用のステンシルを用いたため。機首の機銃孔には修整がかけられており、記念品として広く一般に配布するための配慮がなされていることがわかる。

The Hokoku Go No.13 of A1N1. The name is "Mitani Go".

報國16

【第４三谷號】

ずらり並んだ「報國-13 第１三谷号」から「報國-18 第６三谷号（一番奥）」の６機の九〇式艦上戦闘機。手前から２機目の機体は上写真と同一の機体。13～15号までと16号以降では「報國-…」と「三谷号」の書体、ハイフンの記入法、文字間隔などが違うのが面白い。また手前の16号機からは胴体構造が変わった二型のようで、報國号の字にも「號」が使われているようだ。

The Hokoku Go No.13,14,15,16,17,18 of A1Ns. "Mitani Go" on the below line.Hokoku Go No.16 is A1N2.

報國25

【佐廠號】

佐世保海軍工廠の工員たちにより献納された九〇式艦上戦闘機一型「報国-25 佐廠號」。この機体も「號」の字を用いている。やはりこれも記念品として広く配られることを目的に作られた写真絵はがきで、海軍戦闘機隊の古豪のひとりである鈴木清延氏のアルバム（遺品）の中にあったもの。

The Hokoku Go No.25 “Sa-Shou Go” of A1N1. “Sa-Shou” means Sasebo arsenal.

報國55

【第一日本鋼管號】

日本鋼管株式会社によって献納された九〇式艦上戦闘機二型「報國-55 第一日本鋼管號」。同時に献納された九〇式艦上戦闘機二型「報國-56号」が「第二日本鋼管號」となる。尾翼に赤い保安塗粧が導入されたのちの塗装例といえ、尾翼の文字は白で記入されている（胴体には従前のように黒文字で記入されている）。その右には九二式艦上攻撃機「報國-37 海軍號」が見える。献納番号の付与は醵金受付の順序によるものであり、両機は共に昭和9年4月14日に献納式を迎えた。

The Hokoku Go No.55 “Dai-1 Nihon-kokan Go ” of A1N2. Dai-1 means No.1. Nihon-kokan is JFE steel Corporation ,today.

▼献納式ののち佐伯空に配属されて活躍する左写真と同一の九〇式艦上戦闘機二型「報國-55 第一日本鋼管號」で、かたわらの人物は鈴木清延3等航空兵曹。尾翼に記入された「サヘ-142」の下に小さく「報國-55 第一日本鋼管號」と表記されているのが見える。このように献納者への敬意を表するため、納入されてからも報國號の文字は形を変えて受け継がれるのが慣例だった。なお、胴体の「サヘ-142」の下にも同様に記入されていた。

This is the same airframe as the above photograph "The Hokoku Go No.55 Dai-1 Nihon-kokan Go ", painted Sahe-142. Sahe means Saeki-Ku, This airframe belongs to the Saeki-Ku.

報國64

【大學高専號】

昭和9年6月17日の献納式で撮影されたと思われる九〇式艦上戦闘機三型「報國-64 大學高専號」。本機では号の字が再び「號」と変わっている。

The Hokoku Go No.64 “Dai-gaku Ko-sen go”of A1N3. Dai-gaku means University, Ko-sen means Technical Colleges.

◀左ページと同じ『報國-64 大学高専號』。画面奥の機体は２機とも九二式艦上攻撃機である。

The same airfram left page.

◀佐伯空のエプロンで暖気運転中の九〇式艦上戦闘機三型の列線。左手前の「サヘ-156」は上写真と同じ「報國-64 大學高専號」で尾翼と胴体の機体番号の下にそれが記入されているのがわかる（一番奥の機体の胴体下部分にも同様に見えている）。九〇艦戦は三型から写真のように上半角のついた上翼が導入され、より実用性が向上した。

This is the same airframe as the above photograph “The Hokoku Go No.64 Daigaku Ko-sen Go”,painted Sahe-156.

報國132
【レート號】

雲上を飛行する12空の九六式二号艦上戦闘機二型「3-161」号機は本章扉ページと同じ機体。胴体に「報國-132」と「レート號」の名前を記入しているが、この頃になると尾翼機番号下への報國号文字の記入は廃止されたことがわかる。本機の献納者は戦前にダイヤモンド歯磨やレートクリームなどの製造販売で知られた平尾賛平商店で、同社は広告戦略に大きく力を入れたことでも知られ、報國号名もそれにちなんだもの。飛行する九六艦戦の写真の中でもベストショットの部類に入る1葉だ。本機の主翼下面には12空の九六艦戦には珍しく、小型爆弾架が装着されている。

The Hokoku Go No.132 of A5M2b “LAIT Go ”in 12Ku 3-161. This is the same airframe as the photograph P.107. “3-” is 12Ku's code letter.

報國222

【北國號】

昭和14年はじめ頃、中国大陸上空を飛ぶ12空の九六式二号艦上戦闘機二型「3-174」号機で、「報國-222 北國號」。石川県金沢市に本社をおく「北國(ほっこく)新聞社」が献納した機体。前掲のレート號もそうだが、胴体の白帯は外戦部隊標識と呼ばれるものであり、12空所属機に共通する。両機とも、脚カバーには機番号下2ケタを漢数字で記入しているようだ。

The Hokoku Go No.222 “Hokkoku Go ” of A5M2b in 12Ku 3-174. Hokkoku is Hokkoku Shinbunsya. Shinbunsya means Newspaper Company.

報國260
【藤澤號】

空母「蒼龍」の飛行甲板で撮影された同艦戦闘機隊の九六式四号艦上戦闘機「W-101」と搭乗員たち。献納者は医薬品メーカーの株式会社藤沢友吉商店（戦中の昭和18年に藤沢薬品工業と改名。現在は山之内製薬と合併してアステラス製薬）。胴体に太い斜め帯を巻いた本機は横山 保 大尉の乗機で、後列左に横山大尉本人がいるほか、右に羽切松雄、前列右端に大石英男といった古豪の顔も見えている。

The Hokoku Go No.260 “Fuji-sawa Go” of A5M4 of The Aircraft Carrier “Soryu” Fighter Group, flown by Lt Tamotsu Yokoyama. Extreme right of the front row; Hideo Oh-ishi, left of the back row; Lt Yokoyama, right; Matsuo Hakiri. “W-” is Soryu’s code letter.

昭和14年11月21日、座席を高く上げて前方視界を確保し、アンテナ支柱にくくり付けた日の丸の旗をはためかせて「蒼龍」を発艦にかかる横山大尉操縦の九六式四号艦上戦闘機「W-101」。主翼に大書きされた「報國-260」がまだそのまま残っているのがわかる。横山大尉は昭和12年12月から昭和14年12月まで「蒼龍」戦闘機隊の分隊長を務めた。

It is a photograph taken on November 21, 1939. This is the same airframe as the above photograph A5M4 ,flown by Lt Tamotsu Yokoyama, just takes off Soryu.

九六式四号艦上戦闘機
〔報國-260　藤澤號〕
空母「蒼龍」戦闘機隊
横山 保 大尉機

報國261

【吉田號】

前掲写真と時を同じくして撮影された空母「蒼龍」戦闘機隊の九六式四号艦上戦闘機「W-102」で、献納者は株式会社吉田定七商店。本機は羽切松雄１空曹の搭乗機であり、前列中央にヒゲをたくわえた羽切１空曹の姿が見える。胴体の細い赤帯は空母「蒼龍」所属機を表すもの。

The Hokoku Go No.261 “Yoshida Go” of A5M4 of Soryu flown by Matsuo Hakiri in 1939. Po-1c Matsuo Hakiri is sitting front row.

九六式四号艦上戦闘機
〔報國-261　吉田號〕
空母「蒼龍」戦闘機隊
羽切松雄 １空曹機

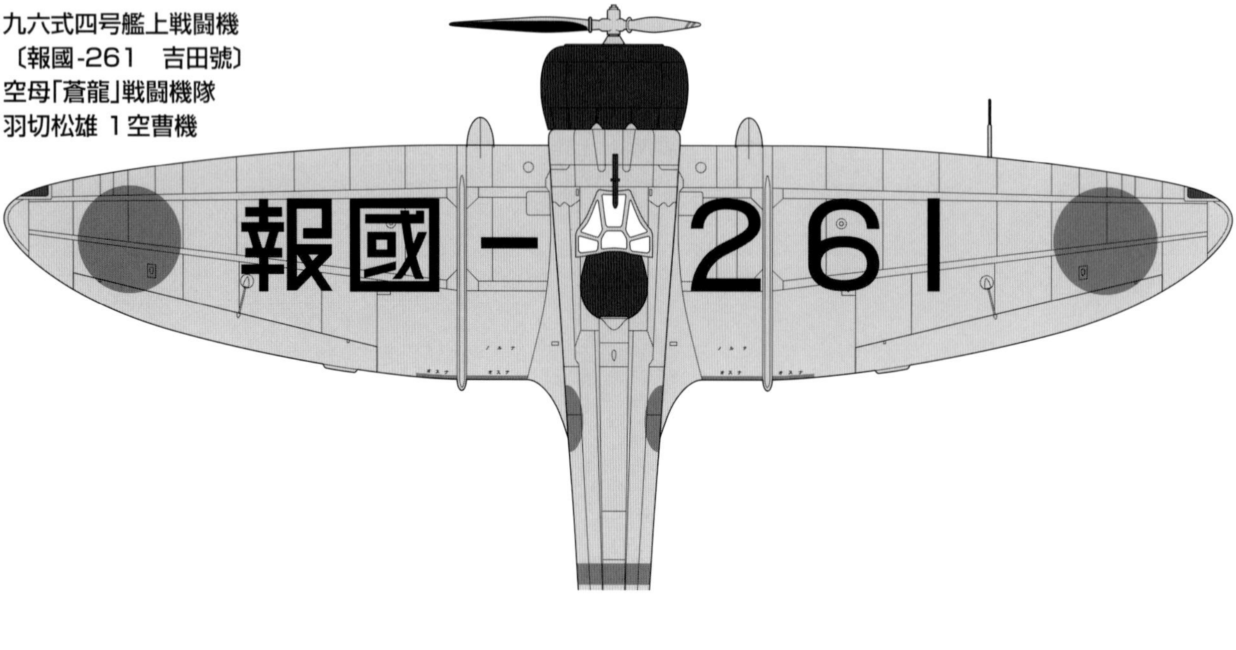

報國266

【岩井號】

The Hokoku Go No.266 "Iwai Go" of A5M Mk.4 of Soryu. Back row, left; Lt Yokoyama, right; Matsuo Hakiri. Front row, extreme left; Kikue Otokuni, extreme right; Kazuo Tsunoda.

同じく「蒼龍」艦上の九六式四号艦上戦闘機「W-103」。献納者は当時、鉄鋼商社の大手であった株式会社岩井商店(昭和18年、岩井産業株式会社。のち日商岩井)。後列左：横山保大尉、右：羽切松雄、前列左端：乙訓菊江、右端：角田和男の各兵曹。いずれも名だたる猛者ばかりである。

九六式四号艦上戦闘機
〔報國-266　岩井號〕
空母「蒼龍」戦闘機隊
大石英男 2空曹機

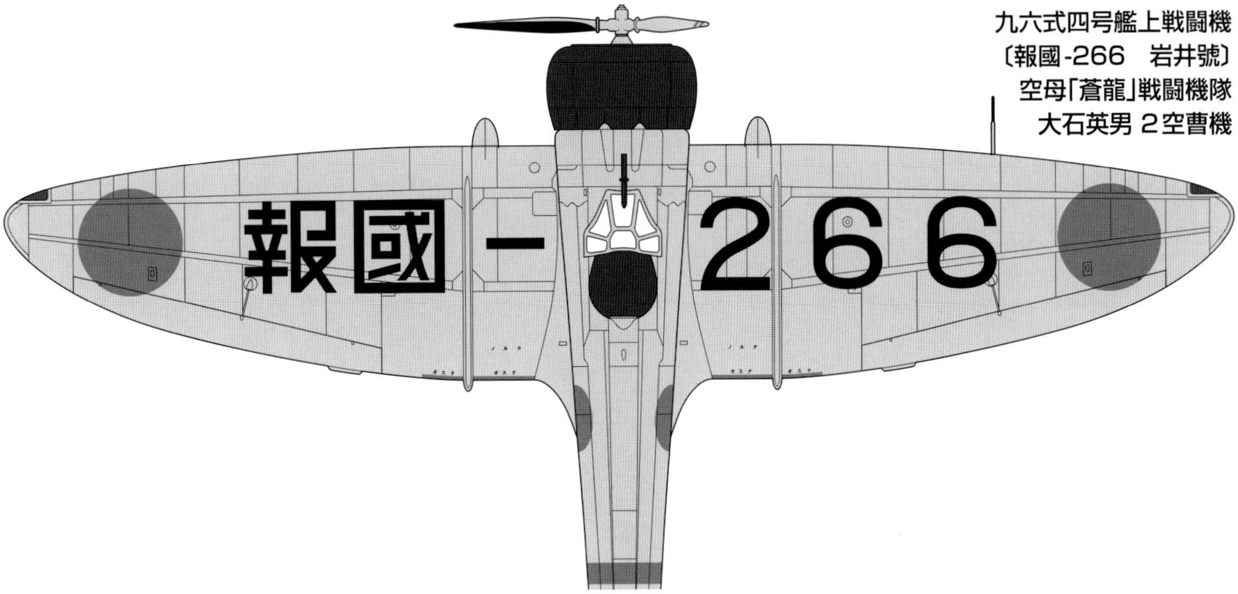

報國278

【大阪瓦斯號】

灑州島に展開する14空に配属されたばかりの九六式四号艦上戦闘機「報國-278 大阪瓦斯號」。3点姿勢の際に水平になるように記入された尾翼の報國号文字が面白い。献納者は現：大阪ガス株式会社と同一。垂直尾翼上端にはすでに14空所属機を表す2本の白帯が記入されている。

The Hokoku Go No.278 "Osaka Gas Go "in 14Ku of A5M4.

昭和15年1月20日に海口へ移動後、上空哨戒に従事する14空の九六式四号艦上戦闘機「9-158」。胴体に記入された文字から上掲写真と同一機であることがわかる。尾翼の報國号番号・名はきれいにリペイントされ、胴体の外戦部隊標識の白帯の前に、長機標識の奇麗な赤帯が追加されている。

On 20 January 1940 14Ku moved to Haiko, engaged in air patrols. This is the same airframe as the above photograph "The Hokoku No.278 Osaka Gas Go ". "9-" is 14Ku's code letter.

昭和15年4月、三亜のエプロン脇で中支進出準備を行なう九六式四号艦上戦闘機「9-158」。左ページ写真と同一機で左右の銀翼に渡って大書きされた「報國-278」の文字が勇壮だ。最後の「8」をさけるように記入された胴体の赤帯に注意。

Preparation to central China in April 1940 at Sanya, Hainan Tao.
This is the same airframe as the left page photographs.

報國317
【宮城水産號】

こちらも14空にやってきたばかりの九六式四号艦上戦闘機「報國-317 宮城水産號」。前掲の「報國-278号」と比べ、垂直安定板前縁の保安塗粧の面積がやや狭くなっているのが興味深い。

A5M4 of 14Ku. Legends on the fuselage & tail read Hokoku Go No.317 “Miyagi Suisan Go”.

上写真と同様、やはり昭和15年4月に三亜において進出準備を行なう九六式四号艦上戦闘機「報國-317 宮城水産號」。本機の号は「號」の字であるのがわかる。

Preparation to central China in April 1940 at Sanya, Hainan Tao.This is the same airframe as the above photograph.

順序は逆になるが、昭和15年1月20日に海口へ移動後に上空哨戒に従事する14空の九六式四号艦上戦闘機「9-137」。尾翼の保安塗粧は面積が狭いまま、機体番号のみ塗り替えられて使用されていたことが読み取れる。

On 20 January 1940 14Ku moved to Haiko, engaged in air patrols. This is the same airframe as the above photograph “The Hokoku No.317 Miyagi Suisan Go ”, Tail code letter painted 9-137.

報國334

【第二三越號ほか】

昭和15年7月15日、東京羽田飛行場における献納式に臨むため勢揃いした九六式四号艦上戦闘機の献納機たち。写真右から「報國-334 第二三越(だいに・みつこし)號」、左へ「報國-373 伊勢丹號」、中央は下一ケタが見えないが「報國-360 芳澤化機號」である。この頃になると部隊配属後に消す手間を考えて尾翼への報國号番号、名称記入は廃止された様子がわかる。この日は「報國-335 第三三越号」、「報國-336 松屋号」、「報國-351 宇都宮製作号(写真左端の機体か?)」なども同所で献納式が行なわれた。

A5M4s departure attended “the Ken-Nou-shiki”ceremony in Tokyo Haneda airport on July 15, 1940. The Hokoku Go No.334 "Dai-2 Mitsukoshi Go " from the right of photograph, It is The Hokoku Go No.373 "Isetan Go"" to the left. The center is Hokoku Go No.360 “Yoshi-zawa ka-ki Go”.

報國337

【青果號】

昭和17年初頭、大分空で実用機教程の機材である九六式四号艦上戦闘機のかたわらに立つ斉藤一次郎1等飛行兵(丙飛4期)。バックの機体は「報國-337 青果號」。

The airframe of backing is The Hokoku No.337 “Sei-Ka-Go”.“Sei-Ka” means vegetables and fruits. This airframe is the one produced by the contribution of storekeepers of the market. The person who stands ahead is a fighter pilot Ichi- Jiro Saito .

報國348

【第二女教員號】

昭和14年度の演習における空母「蒼龍」の九六式四号艦上戦闘機「報國-348 第二女教員號」。主脚に記入された「11」から、機体番号は「Ⅶ-111」と思われる。本機も「號」の字が用いられている。前掲の機体と同様、この当時の「蒼龍」戦闘機隊はカラフルな塗装を施しており、本機も主脚スパッツを青く塗り、主翼および胴体には太い斜め帯を巻いているのがわかる。細い2本の帯は赤。

A5M4 of “Soryu” The Hokoku Go No.348“Dai-2 Jo-kyo-in Go”. “Jo-kyo-in”means Woman teacher. The airframe seems “VII-111”. A main leg cover are painted blue, and it is understood to have rolled a fat, diagonal belt in the main wing and the body.

報國第368號

【大分縣教育號】

昭和15年3月26日に大分空で挙行された九六式四号艦上戦闘機の献納式における1コマ。機上にいる整備員に地上からお供えを手渡し、一礼するのは志賀淑夫大尉。本機の報國号番号はステンシルを用いて記入されたことが読み取れるが、注意したいのはハイフンを用いず「報國第368號」と「第」「號」を入れていることだ。

One scene in dedication ceremony of A5M4 at O-ita-Ku on March 26, 1940.
It is LT Yoshio Shiga in the maintenance staff on the machine from the ground that it hands, and bows as for the offering.

報國375
【第二隼人號】

九六式四号艦上戦闘機の水平尾翼に座る井上兵曹。報國号の番号は「3」しかわからないが、「第二隼人（人の字は画面右に切れている）」から表題の番号がわかる。九六艦戦の塗装としてはちょっと見慣れない、尾翼の保安塗粧が廃止されたあとの撮影。

A5M4 Hokoku No.375"Dai-2 Hayato Go". Red painting is not given to the vertical tail.

報國386
【第一福井織物号】

こちらも前掲の演習中の空母「蒼龍」戦闘機隊の九六式四号艦上戦闘機「Ⅶ-119」。こちらの機体は赤フチ付きの白い斜め帯を巻いており、手前の機体の胴体下面に見えている隣の機を見てもわかるように主脚スパッツにもやはり白い塗装が施されているのがわかる。

Here is A5M4 "VII-119" of the above-mentioned aircraft carrier "Soryu" escadrille under the maneuver. As for this airframe, a white, diagonal belt with red line is rolled, and also white as for main leg pants painting is given.

献納式

献納式の様子を伝えるもので、鎮座した献納機の前には今日の神式行事でも見られる八脚台を用いた祭壇が設けられ、一般的には清酒や水、米、塩、野菜ならびに魚などがお供えされた。その前方の四隅に青竹を立て、その間を注連縄で囲って祭場としている。斎主たる神主のもとにいるのは志賀淑雄大尉で、これから玉串を祭壇に奉奠するところのようだ。

A5M4 done in front of hangar. The altar has been installed in front of the airframe. It is a ceremony place to be put up the green bamboo in the four corners forward. It is Lt Yoshio Shiga with the Shinto priest.

同じく九六式四号艦上戦闘機の献納式を別角度から撮影したもので、画面奥には献納者をはじめ列席する海軍関係者などの姿が見える。画面中央で献納機に一礼するのはやはり志賀大尉。その左には三脚を前にした撮影係の水兵が立っている。

The one having taken a picture of Ceremony of A5M4 from another angle as well as the previous photograph. Those who dedicate it are started in the screen interior and the appearance of the person who attends related to naval forces etc. is seen. It is a Lt Shiga that bows to the dedication machine at the center.

和服姿ならびに正装した少女たちから花束を贈呈される列席の搭乗員たち。前掲写真とは別の献納式における光景で、奉納飛行に選ばれた搭乗員たちにとっても名誉な瞬間だ。式次第によればこののち国歌斉唱、万歳奉唱がなされ、命名式委員長によるあいさつを経て閉式となり、展示飛行が実施される。

Pilots who present bouquet from Japanese clothes appearance and girls who dress up. Spectacle in dedication type besides the above-mentioned photograph. It is a honored moment for Pilots chosen to be a demonstration flight.

献納式の式次第

ここで掲げるのは昭和8年10月に行なわれた報國第38號「川村號」以下の献納式の式次第である。献納式と一口にいうが、当時は飛行機のほかに鉄兜や機関銃、装甲車などありとあらゆる備品が「献納兵器」として海軍に寄贈されており、飛行機の場合は文中にあるように「報國第○○號飛行機命名式」という呼び方が正しい。

当日にどのような流れでどのような行事が行なわれたかについてうかがい知ことのできる資料といえるが、その内容は今日でも行なわれている地鎮祭などの段取りとほぼ同様なものであった。

なお、ここに掲げる報國38号から48号までの各機は九〇式艦上戦闘機二型で、50号機のみが九〇式三号水上偵察機であった。

報國第三十八號(川　村　號)
報國第四十五號(第一製糖號)
報國第四十六號(第二製糖號)
報國第四十七號(第三製糖號)
報國第四十八號(第二労働號)
報國第五十號(第二全國民號)
飛行機命名式次第

日　時　十月二十一日(土曜)午后二時開式
場　所　遞信省東京飛行場(東京市蒲田區羽田江戸見町)

一、開　　　式
一、經 過 報 告(獻納者側 海軍側)
一、修　　　祓
一、降　　　神
一、獻　　　饌
一、祝　　　詞(齋　主)
一、獻 納 ノ 辭(獻納者總代)及謝辭(海軍大臣)
一、命　　　名(海軍大臣)
一、祝辭及祝電披露
一、玉 串 奉 奠(齋主、海軍大臣、獻納者總代 命名式委員長、搭乘者、來賓總代)
命名式委員長、搭乘者、來賓總代
一、神 符 奉 安
一、撤　　　饌
一、昇　　　神
一、壯途ヲ送ルノ辭
一、花 束 贈 呈
一、國 歌 奏 樂(參列者一同奉唱)
一、萬 歳 奉 唱(參列者一同)
一、挨　　　拶(命名式委員長)
一、閉　　　式
一、飛行準備次デ飛行作業(式場上空ニ於テ高等飛行次デ概ネ東京市舊市域ノ外周其他ノ上空ヲ飛行ス)

備考　當日雨天ノ場合ハ十月二十二日(日曜)同二十三日(月曜)ノ順ニ延期ス
開式時刻ハ變更ナシ

献納式における献納者親族一同との記念写真で、搭乗員は中島三教兵曹。報國号の番号、文字が画面外となっているが、近海快速汽船により献納され、昭和16年4月27日に大阪第二飛行場で献納式が行なわれた「報國-412 近海快速號」と思われる。

It is a souvenir picture in the dedication ceremony with the those who dedicate it relative everyone, and the Pilot is a Mitunori Nakajima .It seems the Houkoku Go No.412 “KinKai-Kaisoku-Go”, is dedicated by KinKai-Kaisoku-Kisen, and the dedication type was done in the Osaka Dai-2 airport on April 27, 1941.

飛行場上空で編隊を解く直前の九六艦戦3機編隊。左右の機体はバンクを取り、次の動作へと移っている様子がわかる。展示飛行では海軍戦闘機隊の妙技も披露された。

Three formation of A5M immediately before formation is solved in the sky over airport. A right and left airframe takes the bank, and the appearance that has moved to the following operation is understood.

巻末企画

日本海軍戦闘機隊人物備忘録［大陸の古豪たち］

昭和７年、上海事変で初めて実戦を経験した日本海軍戦闘機隊が、本格的な航空作戦を行なうようになったのは昭和１２年に勃発した日華事変からである。以後、終戦までの間に数々の戦闘機搭乗員たちが活躍したが、ここではいわゆるエースと呼ばれる多数撃墜者ではないため、これまであまり取上げられることはなかったが、間違いなく海軍戦闘機隊の屋台骨を支えた空中指揮官、下士官たちを中心として紹介する。

なお、各人の階級は最終階級を表記した。

It introduces old-timer's I.J.N. fighter pilots.
The class of the mark is the final in everybody.

小園安名大佐
(海兵51期)

Capt Yasuna Kozono

開戦時に台南空副長を努め、251空の司令として斜め銃付き夜戦（のちの「月光」）を実現、さらに302空司令として本土防空戦を戦う小園安名大佐は古い戦闘機乗りの１人である。

海軍兵学校第51期を卒業、大正15年11月に第14期飛行学生を修了した彼は、日華事変当時の昭和12年には空母「龍驤」飛行隊長の海軍少佐として広東攻撃を空中指揮した。そして昭和13年3月に12空飛行隊長に転じ、同年4月29日には漢口攻撃を指揮している（P.63コラム参照）。

Capt Yasuna Kozono (right)
Famous as inventor of oblique-angled guns on night fighters, he was one of old timers of fighter pilots. Here he was with an Army officer as the hikotai leader of the 12Ku.

◀九六艦戦二号二型を背に陸軍将校（氏名不詳）と仲良く写った小園少佐。この陸海軍将校の交歓風景は両軍飛行機が混雑した蕪湖であったろうか。

金子隆司少佐
(海兵59期)

LCDR Ryuji Kaneko

12空の金子大尉は、昭和6年に海軍兵学校第59期を卒業し、第25期飛行学生を修了している。この期までは戦闘機専修の割合が少なかったのが特徴(33名中6名)。

昭和12年3月の12空の編成時から金子大尉は配属されていたが、当時の同隊は九五艦戦装備のため、華北あるいは華中に進出したあと、九六艦戦を装備する13空が南京攻撃で撃墜戦果をあげている最中でも、地上協力に専念せざるを得なかった。

その後、九六艦戦を装備することで12空も進攻作戦に参加するようになったのだが、昭和13年2月18日、金子大尉は部下を率いて漢口を攻撃した際、乱戦の中で散華した。

Lt Cmdr Takashi Kaneko
He graduted the 25th flying cadet, he was appointed to the 12Ku, but as the unit had A4N Fighters seen behind him, the unit engaged in only ground support duties.
After re-equipped to A5M the 12Ku also engaged in attacks of enemy airfields, Lt Kaneko led his men to Hankow on Feb. 18th, 1938, he failed to return from intense air combat.

▲九〇艦戦の機上で。　In the cockpit of A2N.

◀エプロンの片隅で子犬を抱いて座る金子大尉。後ろには12空の九五艦戦が並んでおり、佐伯空で編成された時と変わらず尾部には機番号だけの記入であるのがわかる。

LT Kanako sits holding the puppy. A4N of 12Ku queues up behind.

◀改変したばかりの12年秋頃か、九六艦戦二号二型密閉風防型に搭乗した金子大尉。風防だけでなく胴体全体を改設計したことで、二号二型は従来の型式とはイメージがだいぶ違ってみえる。胴体日の丸には白フチがついており、カウリングの下側は明るいグレーで塗られているようだ。

LT Kaneko gets on A5M2b early type.

新郷英城中佐
(海兵59期)

CDR Hideki Shingo

金子大尉と兵学校同期の新郷大尉は日華事変が始まった直後の昭和12年8月に空母「加賀」乗組みとなり、当時配備されたばかりの九六艦戦に搭乗して作戦した。その後、鹿屋空分隊長、佐伯空分隊長を経て昭和13年9月に14空分隊長となり、翌14年11月に霞ヶ浦空分隊長兼教官として転出するまで中国の空で戦う。

◀金子大尉と同じく、二号二型密閉風防型に乗っているのが珍しい新郷大尉。機体は報國号のようだが、「全國」の文字から「報國-162 全國青年学校號」であろうか?

He was the classmate of Kaneko, he also flew this rare Type 96 2-Go 2-Gata (A5M2b). Note the enclosed canopy.

吉富茂馬中佐
(海兵55期)
CDR Shigema Yoshitomi

吉富大尉は有名な南郷茂章と海兵同期で、第21期飛行学生出身だが、この期も戦闘機専修は26名中5名と少なかった。彼が13空分隊長として日華事変に出たのは昭和13年2月で、13空戦闘機隊の縮小により翌3月に12空の分隊長となった。12空では同期の大林法人大尉が分隊長をしていたが、すでに昭和12年12月に南昌で戦死していた。吉富大尉の初空戦は4月29日の漢口攻撃で、「イ15」1機を撃墜している。6月26日の南昌攻撃では雲の下に出た吉富中隊だけが会敵し、自身の1機を含み13機を撃墜している。8月下旬に横空分隊長として内地に戻り、14年後半にも「赤城」の2個分隊を率いて12空飛行隊長となり華中戦線に出たが、個人の戦果はあげていない。

以後海軍大学を経て参謀の道を歩み、昭和20年に203空司令となり終戦を迎えた。

Cmdr Shigema Yoshitomi
He was the classmate of the famous Nango, and he came to central China in March 1938, gained the 1st victory over Hankow on April 29th, on June 26th only his chutai met E/As below the clouds over Nanchou, gained 13 victories including his one. He became a staff officer and finished the war as CO of 203Ku.

▲九六艦戦二号一型を背にした吉富大尉。

LT Yoshitomi where A5M2a was made back.

◀13空、あるいは12空へ転じたばかりの頃。

When you just transfer it to 13Ku or 12Ku.

花本清登大佐
（海兵57期）

Capt Kiyoto Kaneko

海兵57期の花本大佐は第23期飛行学生出身だが、その戦闘機専修は28名中たった4名であった。うち13空を率いて名をあげた山下七郎大尉は南京攻撃で捕虜となり、翌年1月には12空分隊長の潮田良平大尉が南昌で戦死している。

花本大尉は昭和12年9月27日「鳳翔」の分隊長として広東攻撃に参加し、以後も「龍驤」、「蒼龍」、12空などの分隊長を歴任、さらに元山空艦戦隊の初代飛行隊長を努めたが昭和16年8月に再び12空へ着任し、最後の飛行隊長となった。以後第1線部隊から離れ、昭和20年7月11日事故死する。

He participated in the attack on Canton of Sep. 27th, 1937, then he became buntaicho of Ryujo, Soryu, hikotaicho of 12Ku and Genzan-Ku. Here, he (right) was with Lt Cmdr. Motoharu Okamura who became CO of 721Ku (Ohka unit).

◀12空初代飛行隊長の岡村基春少佐（写真左。「桜花」装備の721空司令として有名）と写る背の高い花本大尉。

12空の下士官搭乗員たち

The NCO Pilots of 12Ku

左ページの吉富大尉と一緒に13空から12空に転勤した下士官搭乗員たち。前列左は松村百人、中央：大森茂高。後列左から2人目：赤松貞明。3人とも華中戦線で活躍し、総計で10機以上を撃墜している。

Veteran NCOs of 12Ku.
Momoto Matsumura (front row, left), Shigetaka Ohmori (front row, center) and Sadaaki Akamatsu (back row, 2nd from left), gained over 10 victories during all period.

安部安次郎大尉
（乙飛1期）

LT Yasujiro Abe

安部大尉は栄えある飛行予科練習生第1期（のち甲飛ができた際に乙飛1期の呼称となる）出身の戦闘機乗りで、戦闘機専修者の同期生9名のうち終戦まで生き残ったのはわずか3名だが、予科練出身で戦闘機隊長（飛行隊長）まで昇進したのは彼ただひとりである。

昭和13年3月に華中戦線に進出し、初撃墜をあげた。昭和16年12月の開戦時はすでに飛曹長で、空母「翔鶴」乗組みで南太平洋海戦まで戦った。その後、教官を勤めたあと203空附となり北方の護りにつき、比島決戦には戦闘第304飛行隊の分隊長として参加している。翌20年2月には2回もの壊滅的打撃を受けた戦闘316の飛行隊長となり、主要幹部を林 八太郎中尉（操練26期）や川崎 進中尉（乙飛3期）ら下士官出身者で固め、本土防空戦や沖縄作戦に参加したのち終戦を迎えた。

Lt Yasujiro Abe
He was one of the 1st Yokaren graduates, fought over China, fought over Pacific on “Shokaku” till the Battle of Santa Cruz. He participated in Philippine Campaign as one of buntai leaders of Sento 304, finished the war as the hikotai leader of Sento 316 after participating Okinawa Campaign.

▲九六式四号艦戦を背にして。胴体日の丸から飛び出た手掛け、日の丸下に記入された足掛け注意の矢印に注意。

Yasijiro Abe and A5M4.

◀安部安次郎（前）と熊谷鉄太郎（後）。熊谷は操練23期出身で、13空や14空に所属して中国戦線を戦った。太平洋戦争では253空所属で永く南東方面で戦いぬき、トラック転進後も重爆邀撃などに活躍していたが、昭和19年7月8日、サイパンで戦死する。

Yasujiro Abe (front) & Tetsutaro Kumagaya (back). Kumagaya was also a veteran fightor pilot, fought over China, and lived through battles of Solomons area as a member of 253Ku, but was killed on July 8th, 1944 over Saipan.

▶九六式二号二型艦戦のかたわらでちょいと一服、つかの間の休憩をとる安部兵曹。右は磯崎千利、半田亘理と同じ操練19期修了の古い戦闘機乗り、田中 平兵曹。

Taira Tanaka (right) and Abe take a rest before A5M2b.

普川秀夫少尉 (操練33期)

ENS Hideo Fukawa

普川少尉は大森茂高、中島文吉らと同じ操練33期出身で、昭和13年3月に12空へ配属され、同年6月26日の南昌上空の初空戦で「SB-2」を2機(1機は不確実)撃墜した。開戦時には千歳空に属しており、米空母群のマーシャル初空襲邀撃にも参加して2撃墜(うち1機は協同)の戦果をあげている。

教員生活ののち昭和18年には202空に転属してダーウィン攻撃にも参加。その後、343空の戦闘第401飛行隊分隊士として主に若年搭乗員を教えながら終戦を迎えた。

Ens Hideo Fukawa
Finished the war in Sento 401, 343Ku.

◀九六式一号艦戦とともに。

Hideo Fukawa and A5M1.

豊田耕作少尉
(操練30期)

ENS Kosaku Toyota

南義美と同じ操練30期出身。13空に所属して日華事変の初期の南京攻撃に参加した豊田1空兵は、10月12日に初撃墜をあげている。内地に戻り、教員生活をしたのち横空戦闘機隊でテストパイロットを務め、昭和18年に253空へ転属、南東方面に進出して戦い、右手首切断の重傷を負って内地に帰還した。しかし、努力の結果、義手で飛行可能となるまで回復し、210空で少尉で終戦を迎えた。

Ens Kosaku Toyota
He participated in the early battles over Nanking as a sailor (Sea1c), gained the 1st victory on October 12th, 1937. After served as a tutor and a test pilot, he fought over Solomons as a member of 253Ku till the injury. He recovered as a pilot with a wood hand, ended as a member of 210Ku.

▲13空で三等航空兵曹に任官したばかりの頃、九六式一号艦戦を背に。

PO3c Toyota and A5M1 in 13Ku.

◀同じく13空所属時だが、こちらはまだ水兵服を着ている一等航空兵時代。後方の九六式一号艦戦は雲形迷彩を施している。

Sea1c Toyota in 13Ku. Rear A5M1 paints the cloud form camouflage.

中島三教飛曹長
（操練29期）

CPO Mitunori Nakajima

松村百人と同じ操練29期出身。13空所属で大陸に進出し、昭和12年10月6日の南京攻撃ではカーチス戦闘機3機と単独でわたりあい、その2機を撃墜した。その後、「赤城」所属で華中に進出したが、戦果は増えなかった。

昭和17年末、虎熊 正飛曹長の代わりに253空に転属して南東方面で戦い、翌18年1月24日にガダルカナル沖で未帰還となったが、不時着捕虜となって戦後帰還している。

WO Mitsunori Nakajima
He fought over China as a member of 13Ku, he shot down 2 out of 3 Curtiss Fighters in a dog fight 1 against 3. He was appointed to 253Ku, became POW after force-land in the sea.

▲三等航空兵曹時代。後方の九六艦戦は画面右上に可動風防のレールが見えていることから二号二型密閉風防型である。

PO3c Nakajima The rear side is A5M2b w/canopy type.

▶九六式四号艦戦を背に。報國号だが番号の詳細は不明。

Nakajima and A5M4.

佐伯義道少尉
(操練27期)

ENS Yoshimichi Saeki

佐伯少尉は坂井三郎とほぼ同じ経歴と戦果を持つと自負するベテランである。日華事変初期には「龍驤」乗組みで、昭和12年8月23日の鈴木 実中尉指揮での宝山上空空戦で初撃墜をあげ、広東でも撃墜戦果をあげた。

開戦時には台南空に所属してクラークフィールド空襲に参加、12月14日には「B-17」を邀撃し列機と協同で1機撃墜、1機撃破をあげている。空中を行動する敵機がいないこともあり撃墜戦果こそ少ないが、12月～翌年2月までの間に地上銃撃でかなりの戦果を挙げているのが特筆されるだろう。その後、6空に転じミッドウェー海戦に参加。のち352空零戦隊の分隊士として昭和19年8月20日に中国から来襲した「B-29」を邀撃してその1機を撃墜し、終戦を343空で迎えている。

Ens Yoshimichi Saeki
He gained the first victory over Paoshan on Aug. 23rd, 1937 with Ryujo fighters. He fought over Philippines and south east Asia with Tainan-Ku, participated in the battle of Midway. Shot down 1 B-29 over Kyushu on Aug. 20th, 1944.

▶佐伯義道(左)と相曽幸夫(乙飛3期)。

Comrade Sachio Aiso (right) and Saeki.

▶九六式一号艦戦の主翼で。

Saeki and A5M1.

協力者

写真・談話・資料提供／執筆協力者一覧

相生高秀、赤松貞明、安部安次郎、五十嵐周正、石井静夫（遺族）、稲野菊一、岩井 勉、岩本徹三（遺族）、大森茂高（遺族）、岡嶋清熊、押尾一彦、上平啓州（遺族）、小林勝太郎、近藤政市、坂井三郎、佐伯義道、志賀淑雄、白根斐夫（遺族）、新郷英城、鈴木清延（遺族）、鈴木 実、周防元成、田中国義、田中祥一、角田和男、中仮屋国盛、中島 正、中島文吉（遺族）、中島三教、羽切松雄、橋本勝弘、林八太郎（遺族）、原田 要、日高初男、普川秀夫、武藤金義（遺族）、望月 勇（遺族）、横山 保、吉富茂馬
吉良 敢

お礼のことば～あとがきにかえて～

前書『日本海軍戦闘機隊 戦歴と航空隊史話』『日本海軍戦闘機隊２ エース列伝』の編集をしながら、紙面の関係で割愛しなければならない多くの写真を前にして「これをご覧いただかないまま終わるのは惜しい」、「有名な指揮官、エースではないものの海軍戦闘機隊を支えていた人たち（とくにベテランとして太平洋戦争中は若手搭乗員を率いる立場にあった人々）のことをもっと伝えられないか」、また「九六艦戦の写真を並べて細かな違いをみてみたい」とか、「報国号を並べてみたらどうかな」などと、編集の吉野さんと話していたことが実現したのが今回の写真集です。当時の雰囲気や搭乗員の様子などを御伝えすることができれば幸わいです。

そして今回も吉良 敢氏には詳細にわたり援助をいただきました。改めまして吉良さん、編集の吉野さん、そしてこの本を手に取っていただいた方々に御礼申し上げます。

平成23年8月15日
伊沢保穂

◀12空の九六式二号艦上戦闘機二型を背にした岡嶋清熊中尉。太平洋戦争のほぼ全ての期間を分隊長／飛行隊長として活躍した岡嶋氏も日中戦争時代はまだまだ若手であった。手前の機体の脚カバーに記入された機番号「121」に注意されたい。

【著者】

伊沢保穂（いざわ・やすほ）

昭和18年(1943年)、東京生まれ。昭和45年、東京大学医学部卒。

昭和61年、東京三鷹に眼科を開業、平成22年、吉祥寺へ移転、現在に至る。日本陸海軍航空部隊を部隊単位、個人単位にまで落としこんで研究する手法を確立した第一人者であり、著書に「日本陸軍重爆撃機隊」（徳間書店)、「陸攻と銀河」「陸軍重爆隊」（ともに朝日ソノラマ)、「日本海軍戦闘機隊 付・エース列伝」「日本陸軍戦闘機隊 付・エース列伝」（秦郁彦共著・ともに酣燈社)、「南方進攻航空戦1941-1942」（C・ショアーズ共著・大日本絵画)、「日本海軍戦闘機隊　戦歴と航空隊史話」、「日本海軍戦闘機隊2　エース列伝」（秦 郁彦共著ともに大日本絵画)など多数。

The Imperial Japanese Navy Fighter Group Photograph collection

日本海軍戦闘機隊 写真集

大陸の古豪、第12航空隊と第14航空隊

発行日	2011年11月6日　初版　第1刷
著者	伊沢保穂
カラーイラスト	西川幸伸
本文塗装図	HMM 二宮茂樹
地図作成	宮永忠将
デザイン	梶川義彦
編集担当	吉野泰貴 / 関口巌
発行人	小川光二
発行所	株式会社 大日本絵画 〒 101-0054 東京都千代田区神田錦町1丁目7番地 TEL.03-3294-7861（代表） http://www.kaiga.co.jp
編集人	市村 弘
企画／編集	株式会社アートボックス 〒 101-0054 東京都千代田区神田錦町1丁目7番地 錦町一丁目ビル4階 TEL.03-6820-7000（代表） http://www.modelkasten.com/
印刷	株式会社 リーブルテック
製本	株式会社 ブロケード

Copyright © 2011 株式会社 大日本絵画
本誌掲載の写真、図版、記事の無断転載を禁止します。

ISBN978-4-499-23064-3 C0076

内容に関するお問合わせ先：03（6820）7000　（株）アートボックス
販売に関するお問合わせ先：03（3294）7861　（株）大日本絵画